Kristine Erb

Die Ordnungen des Erfolgs

Für meine Eltern

Inhalt

Einleitung

Systemische Aufstellungen – seit 20 Jahren im familientherapeutischen Kontext bekannt und inzwischen weltweit praktiziert – werden seit kurzem verstärkt im beruflichen Bereich eingesetzt. Mit Aufstellungsarbeit sind komplexe Zusammenhänge besser zu verstehen und in kurzer Zeit Lösungswege zu entdecken. Dies macht sie für die Wirtschaft interessant. Die globale Vernetzung steigt kontinuierlich und der Wunsch, nachhaltige Veränderungsprozesse einzuleiten, Desaster bei Umstrukturierungen zu vermeiden, Einblicke in die Auswirkungen von Outplacement-Politik und Börsengängen zu gewinnen sowie Systeme besser zu verstehen, lenken den Blick auf das, was Aufstellungen bieten.

Eine wesentliche Voraussetzung für ein adäquates Einsetzen der Methode ist die umfangreiche Erfahrung des Aufstellungsleiters bzw. der Aufstellungsleiterin (AL)*1 mit der Aufstellungsarbeit: Das häufige Einnehmen unterschiedlichster Perspektiven wie Zuschauen, Repräsentant sein, eigene Anliegen aufstellen, die Wirkung von aufgestellten eigenen Themen an sich erleben und über einen längeren Zeitraum beobachten, sind die ersten Schritte. Verschiedene Techniken und verinnerlichtes Wissen können gerade beim abstrakten Arbeiten*2 die Qualität und Intensität der Arbeit verfeinern.

Besonders wichtig ist aber auch die innere Haltung, mit der ein AL aufstellt. Diese lässt sich nicht alleine durch Worte vermitteln. Wesentlich sind die Erfahrung und Achtsamkeit, die der AL gegenüber dem Klienten und den ablaufenden Prozessen einnimmt. Sicherlich ist diese Arbeit auch einem stetigen Lernprozess unterworfen, wandelt sich im Verlauf und bringt zunehmend kraftvollere Lösungsbilder hervor.

---

*1 Im Verlauf des Buches werde ich die Abkürzung AL wählen und gehe davon aus, dass ein AL sowohl männliches wie weibliches Geschlecht haben kann.

*2 Abstraktes Arbeiten: Außer den konkreten Personen können abstrakte Positionen wie z.B. Aufgaben, Produkte, Entscheidungen, Visionen etc. aufgestellt werden.

Immer wieder wird mir die Frage gestellt: »Wie viel Zeit brauche ich, um ›Aufstellen‹ zu lernen?«. Nach meinen Beobachtungen hängt die Geschwindigkeit, mit der eine Person einen guten Zugang zur Aufstellungsarbeit findet, von unterschiedlichen Komponenten ab: Hat sie die notwendige Sensibilität? Kann sie ein Energiesystem wahrnehmen? Geht sie achtungsvoll mit dem Klienten um? Hat sie sozusagen ›Feuer gefangen‹ und beschäftigt sie sich intensiv mit dem Aufstellen? Sucht sie viele Gelegenheiten, um Aufstellungen zu erleben?

Ich selbst wurde mit der Aufstellungsarbeit während meiner unterschiedlichen Tätigkeiten als Projektmanagerin für kontinentübergreifende Studien und Forschungsvorhaben im Gesundheitsbereich konfrontiert. Wiederholt griff ich auf die Aufstellungsarbeit zurück. Es brachte mir immer sehr wertvolle Hinweise. Nach meinem letzten längeren beruflichen Aufenthalt in der Ruandaflüchtlingsoperation in Ostafrika beschloss ich, mich hauptberuflich auf den Einsatz von Aufstellungsarbeit in der Wirtschaft zu spezialisieren.

Über die vermehrte Nachfrage, insbesondere aus der Wirtschaft, ergab sich ein neuer Schwerpunkt meiner Aufstellungsarbeit: das Lehren von Aufstellungsarbeit. Nachdem ich schließlich umfangreiches Material gesammelt hatte, entschied ich mich, meine Erkenntnisse in Form eines Buch niederzuschreiben. Schon während des Schreibens haben sich viele Einsichten weiterentwickelt und verfeinert. Ein Prozess, der sicher weitergeht. Ich hoffe, dass es mir gelungen ist, die wesentlichen Aspekte der Aufstellungsarbeit in verständlicher Form darzulegen. Meinen Lesern wünsche ich eine spannende und erkenntnisreiche Auseinandersetzung mit der Aufstellungsarbeit.

Die Methode

Der Ursprung systemischer Aufstellungsarbeit

Woher kommt die Methode?

Vor ca. 20 Jahren wurde von Bert Hellinger das so genannte Familienaufstellen entwickelt. Er erforschte grundlegende Ordnungen in Familiensystemen und das, was sie in Un-Ordnung bringt. Inzwischen gibt es viel Wissen über adäquate Interventionsschritte zur Kraftfindung und Lösung für den Klienten in verstrickten familiären Situationen. Es ist möglich, unbewusste Muster mithilfe von Aufstellungsarbeit zu erkennen. Dadurch verändert sich der Handlungsspielraum und neue Verhaltensweisen werden möglich.

In den letzten Jahren wurde begonnen, die Aufstellungsarbeit auch in anderen Bereichen, insbesondere im beruflichen Kontext, zu erforschen und einzusetzen. Sehr interessant sind dabei die Verbindungen und Unterschiede von familiären und berufsbezogenen Systemen. Die Entwicklung steht hier noch relativ am Anfang. Sicherlich werden sich noch viele Erkenntnisse über grundlegende Ordnungen und Strukturen von Organisationssystemen herauskristallisieren.

Was bedeutet der Begriff systemisch?

Beim Aufstellen wird der Gesamtkontext, das ganze System, mit einbezogen und berücksichtigt. Daher wurde der Begriff systemische Aufstellung gewählt.

Was ist das Besondere?

Das Besondere an Aufstellungen ist das Phänomen, dass Stellvertreter sich ohne vorherige Preisgabe von Information über ein System in Personen und abstrakte

Positionen hineinspüren können. Dies ist ein grundlegender Unterschied zu herkömmlichen Rollenspielen: Hier ist die Information von dem, was vorgefallen ist, wichtig. Unbewusste Phänomene kommen beim Aufstellen ans Licht und es kann dadurch bewusst damit umgegangen werden. Die Wirklichkeit zeigt sich neu.

Ein Teilnehmer beschreibt das Einnehmen einer Repräsentantenrolle folgendermaßen: »Viele sprechen von Rolle, das ist auch nicht verkehrt. Sie betrifft jedoch nicht nur das Geschehen, vor allem wenn sich dahinter viel Schicksal verbirgt. Ich selbst sehe das ›Repräsentantsein‹ als eine Aufgabe, die mitunter ziemlich anstrengend ist. Das ›Hineinspüren‹ in das Leben und die Umstände, sprich Schicksal, ist keine Rolle, die man ›spielt‹ wie eine Schauspielrolle.«

Phänomenologisches Vorgehen

Grundlegend bei der Aufstellungsarbeit ist ein phänomenologisches Vorgehen, d.h. dass das, was während des Aufstellens auftaucht, sich zeigt und sichtbar wird, in diesem Moment wichtig ist. Damit arbeitet der AL. Sein wichtigster Maßstab für das weitere Vorgehen im Aufstellungsprozess ist die Wirkung von Interventionsvorschlägen auf die Repräsentanten, während nach Lösungen gesucht wird.

Welche therapeutischen Verfahren haben das Aufstellen beeinflusst?

Als Vorläufer von Aufstellungen können sowohl das Psychodrama (nach Moreno), Familienskulpturen und Familienrekonstruktionen (Satir) genannt werden. Elemente dieser Methoden fließen ins Aufstellen mit ein, ebenso umfangreiche Elemente der Hypnotherapie nach Erickson.

Wie unterscheidet sich die Methode von anderen therapeutischen Formen?

Einige Therapiemethoden beschäftigen sich sehr umfangreich mit alten Erlebnissen. Bei der systemischen Aufstellungsarbeit hält man sich dagegen nicht lange mit Analysen auf. Im ersten Aufstellungsbild spiegelt sich der Status quo, die aktuelle Situation. Der Schwerpunkt liegt in der Einleitung von Wandlungsprozessen und dem Finden von Lösungen und neuen Ordnungen. Dies geschieht durch Veränderung der Stellung im Raum und durch verbale Interaktionen der Repräsentanten. Sätze wie »Du warst vor mir da«, »Ich kam nach dir« lösen verstrickte Situationen und benennen die richtige Systemordnung.

Bei Familienaufstellungen gibt es klare Erkenntnisse über eine geordnete Stellung im Raum: Vater und Mutter stehen ihren Kindern gegenüber. In Organisationsaufstellungen steht der hierarchisch Oberste im Allgemeinen rechts von seinen Mitarbeitern. Diese werden hierarchisch absteigend positioniert. Genauso kann nach Dauer der Zugehörigkeit aufgestellt werden.

Wichtigste Unterschiede des Aufstellens zur Skulpturarbeit sind nach Gunthard Weber:

- Beim Familienstellen wird mit Stellvertretern gearbeitet.
- Es wird Abstand von der Zeit genommen. Die inneren Bilder, die die Aufstellenden von einem System in sich tragen, werden aufgestellt und nicht bestimmte Ereignisse situationsbezogen dargestellt.
- Der Platz gilt und die Empfindungen. Anweisungen an Gestik, Mimik etc. unterbleiben.

Unterschiedliche Therapierichtungen haben das Aufstellen beeinflusst

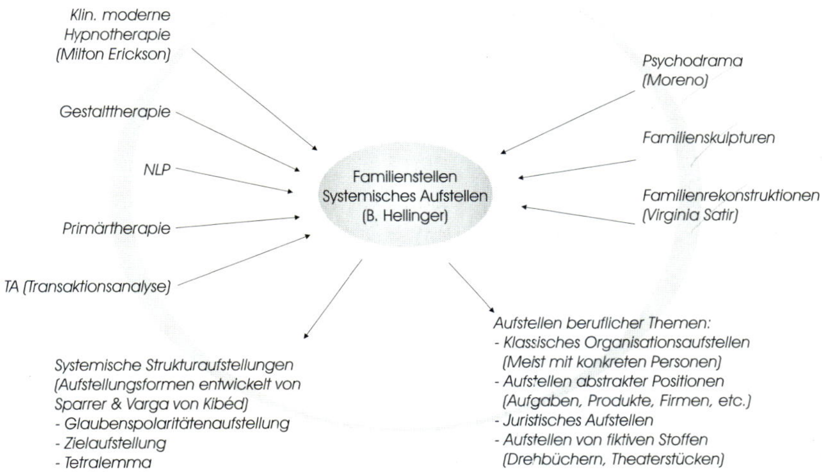

Wie funktioniert eine systemische Aufstellung?

Aufstellungsarbeit ist sinnvoll in verfahrenen Situationen, um alte Muster zu unterbrechen und neue Lösungswege zu entdecken.

Aufstellungen sind sowohl in der Einzelarbeit als auch in der Gruppenarbeit effektiv einsetzbar. Stehen Repräsentanten – am besten neutrale Personen – zur Verfügung, werden Beziehungsstrukturen mithilfe von Stellvertretern im Raum aufgestellt. Die Repräsentanten spüren sich verblüffend authentisch in ihre Positionen hinein. Das erste Bild spiegelt treffend den Status quo einer Situation. Durch verbale und räumliche Interaktionen werden Veränderungsprozesse eingeleitet. Das erarbeitete Lösungsbild dient als Informations- und Kraftquelle und erweitert die Fantasie und den Handlungsspielraum desjenigen, der aufgestellt hat. Neue Wege der Lösung können beschritten werden.

In der Einzelarbeit definiert der Klient die einzelnen Positionen im Raum nach seinem Empfinden z.B. mit Figuren, Kissen oder auf den Boden ausgelegten Blättern. Er selbst oder der AL spüren sich in die einzelnen Positionen hinein. Dieses Vorgehen funktioniert erstaunlich gut. Ähnlich wie bei der Arbeit mit Repräsentanten werden auch hier Lösungsbilder und -prozesse erarbeitet.

Systemaufstellungen im Berufskontext

Wie bekannt sind Aufstellungen in der Wirtschaft?

In Unternehmen wird in letzter Zeit vermehrt nach Aufstellungen gefragt. Mitarbeiter, Personal- oder Führungskräfteentwickler, die Familienaufstellungen kennen gelernt und davon gehört haben, dass sich die Methode auch für berufliche Themen einsetzen lässt, sind neugierig darauf geworden, die Einsatzmöglichkeiten im Berufskontext zu erleben.

Die Einführung der Methode in das jeweilige Unternehmen oder die jeweilige Organisation hängt nicht zuletzt davon ab, ob der Mut und die Entscheidungskompetenz vorhanden sind, Neues auszuprobieren und einzuführen, ob die Arbeit persönlich erlebt worden ist und welche und wie viele Personen über ihren Einsatz mitentscheiden.

Stark zunehmend ist die Nachfrage von Trainern, Beratern und aus Personalentwicklungsabteilungen, systemische Organisationsaufstellungen professionell zu erlernen.

Welchen Nutzen bringen systemische Aufstellungen im beruflichen Kontext?

Mithilfe systemischer Aufstellungen lassen sich für vielfältige Fragestellungen in sehr kurzer Zeit maximale Erkenntnisfortschritte erzielen, konkrete Handlungsalternativen aufzeigen und Lösungsansätze erarbeiten.

Durch die Teilnahme an Aufstellungen verbessern Manager ihre Wahrnehmungsfähigkeit und Sensibilität. Die gesammelten Erfahrungen beim Repräsentantsein helfen im Alltag, Gefühle besser zu spüren und einzuordnen. »Ich weiß besser, was los ist« – so eine Managerin nach häufiger umfangreicher Teilnahme an Aufstellungsseminaren. Die Achtsamkeit wird erhöht. Die Fähigkeit zum Querdenken wird trainiert. Verbindungen und Abhängigkeiten zwischen Systemelementen werden erkannt. Zusammenhänge und Lösungswege werden durch die Außensicht aufs eigene System klar. Wandlungen werden eingeleitet. Ein neuer Zugang zu (oft) vermeintlichen Hindernissen und bisher unbekannten Ressourcen wird gewonnen. Führungskräfte sparen im Vergleich zu alternativen Methoden sehr viel Zeit.

Gibt es in einer Firma einen Teamkonflikt, wird in Unternehmen üblicherweise ein Teamentwicklungsseminar vorgeschlagen, was bedeutet, dass das ganze Team für drei Tage aus dem normalen Arbeitsablauf freizustellen ist. Eine erfahrene Trainerin beschreibt den Vorteil von Aufstellungsarbeit folgendermaßen: »Mir erspart eine Aufstellung mit dem Teamchef die Durchführung eines Teamentwicklungsseminars mit allen Beteiligten«.

Aufstellungen bringen in sehr kurzer Zeit maximalen Erkenntnisgewinn. Manager sparen Zeit und Geld.

Systemaufstellungen in Unternehmen

Das Feld des Unbewussten in Systemen

In aus Menschen bestehenden Systemen – Unternehmen, Institutionen, Organisationen – gibt es eine unausgesprochene Ebene, die als das gemeinsame Feld des Unbewussten des Systems bezeichnet werden kann. Systemische Aufstellungen ermöglichen auf phänomenologische Weise Einblicke in das, was Systeme verbindet und zusammenhält. Sie schaffen einen sehr lebendigen Zugang zu neuen Dimensionen von Zusammenhängen und ermöglichen Einblicke in das, was Systeme verbindet und zusammenhält. Mit diesem Instrument kann Unbewusstes sichtbar werden und als kraftvolle Ressource in Lösungsbilder einfließen.

Der Drang, über diese Themen mehr zu erfahren und zu begreifen, besteht momentan in vielen Wissenschaften, z.B. in der Physik, der Biologie und bei Innovations- und Zukunftsforschern. Der Zusammenhang morphogenetischer Felder wird weltweit untersucht. Schlagworte wie »Vernetzung«, »systemisches Denken« und »lernende Organisationen« beherrschen die gesellschafts- und organisationspolitische Debatte.

Die Verflechtungen in Unternehmen

Weltweit nehmen die Verflechtungen in und zwischen Unternehmen zu. Firmenfusionen sind an der Tagesordnung. Die Komplexität interner Konzernverhältnisse steigt. Verworrenheit entsteht. Für die Angestellten wird es zunehmend schwieriger, sich über klare Aufgaben und Plätze in der Hierarchie zu definieren. Es wirken immer mehr äußere, fremdbestimmte Einflüsse auf sie ein. Durch technischen Fortschritt und zunehmende Globalisierung verkürzen sich die Zeitabstände der Neuerungen. Die Unsicherheit, die viel Energie bindet, nimmt zu.

Das Einleiten von Veränderungen im systemischen Kontext

Um Veränderungen erfolgreich einzuleiten und zu etablieren, ist eine systemische Betrachtungsweise in Unternehmen und Institutionen unabdingbar. Jedes Mitglied eines Systems in einem Unternehmen und einer Institution hat einen bestimmten

Handlungsspielraum, der von den anderen Systemelementen bestimmt wird. Dies bedeutet in der Praxis, dass es für jede Entscheidung wichtig ist, den Gesamtkontext zu berücksichtigen. Die Vorgeschichte eines Unternehmens, bis zu den Gründern zurückgehend, kann einen wichtigen Einfluss haben. Oft spielen gegenseitige Achtung und Würdigung eine große Rolle. Werden Rangfolge, Zugehörigkeit, der Ausgleich von Geben und Nehmen beachtet und erhält jeder seinen angemessenen Platz, profitiert das ganze System.

Auf welche Fragen geben Aufstellungen Antworten?

Systemische Aufstellungen eignen sich im Berufskontext für eine Vielfalt von Fragestellungen, die sich auf den zwischenmenschlichen oder persönlichen Bereich beziehen. Sogar mit abstrakten Elementen, wie Produkten und deren Wirkung auf Kunden, Visionen, Leitbildern und Zielen, kann gearbeitet werden:

Themengebiete, die sich mit Aufstellungen bearbeiten lassen

- Den eigenen Platz finden und einnehmen im System
- Auflösung systemischer Verstrickungen
- Erkennen von Störungen im System
- Beziehungsverhältnisse im System klären
- Alternativen prüfen – richtig entscheiden
- Verhandlungen vorbereiten

- Ziele setzen – Ziele erreichen
- Entwicklung und Umsetzung von Visionen
- Schärfung systemischer Wahrnehmung
- Betriebsklima
- Konfliktmanagement
- Führungsstil

- Kundenmanagement optimieren: Kundenzufriedenheit
- Innovationen entdecken und einführen
- Marketingstrategieentwicklung (Produktentwicklung)
- Einschätzen zukünftiger Entwicklungen
- Umgang mit Chaos
- Krisenintervention
- Bankenmanagement

- Umstrukturierungen: Neue Strukturen schaffen und etablieren
- Die Nachfolge meistern; familiäre und wirtschaftliche Interessen berücksichtigen
- Firmengründung mit Erfolg
- Stellen optimal besetzen
- Unternehmensfusionen
- Auswirkungen eines Börsenganges
- Juristische Auseinandersetzungen

Welchen Rahmen braucht Aufstellungsarbeit?

Die wichtigste Voraussetzung für Aufstellungsarbeit

Ein wichtiger Grundsatz für den Einsatz systemischer Aufstellungen in der Wirtschaft ist:

Aufstellungen kann man nur mit Personen durchführen, die bereit sind, auf dieser Ebene zu arbeiten. Wichtig ist auch der richtige Zeitpunkt der Aufstellung.

Die »Verordnung« eines Aufstellungsseminars funktioniert nicht. Auch macht es keinen Sinn, Aufstellungen mit der Haltung auszuprobieren: »Zehn andere Trainings haben nichts gebracht, schauen wir uns mal an, was das Aufstellen zu bieten hat.« Oft fehlt dann die Bereitschaft, sich tiefer einzulassen.

Welche Rahmenbedingungen brauchen systemische Aufstellungen?

Wichtige Rahmenbedingungen sind:

- Eine geschützte Atmosphäre: In Aufstellungsgruppen ist es üblich zu vereinbaren, dass nichts Personenbezogenes weitererzählt wird.
- Ein konkretes Anliegen mit ernsthaftem Leidensdruck.
- Vertrauen des Klienten zum AL und zur Gruppe.
- Klienten und Repräsentanten lassen sich auf die Spürebene ein.
- Annehmen von dem, was sich zeigt.
- Der Stellvertreter äußert offen alle Wahrnehmungen.
- All das, was sich zeigt, bekommt seinen Platz: Es werden keine Wertungen vorgenommen.
- Keine ausschweifenden Interpretationen und Kommentare zu dem, was passiert, möglichst keine »Empfehlungen aus eigener Erfahrung«.
- Kein Missbrauch der Aufstellungsmethode (manipulative Zwecke etc.).

Es kann sein, dass einem Klienten bewusst wird, dass durch Aufstellungsarbeit persönliche Dinge ans Tageslicht kommen können, mit denen er sich momentan nicht auseinander setzen möchte. Es ist wichtig, dies dann zu äußern und weitere Aufstellungsarbeit auf den richtigen Zeitpunkt zu verschieben.

Aufstellungsseminare in Firmen

Aufstellungsseminare unterscheiden sich von dem sonst üblichen Prozedere von Seminaren, welche im Berufskontext von Firmen veranstaltet werden. Sie werden entweder von einer ganzen Gruppe oder einer Einzelperson gewünscht und veranlasst. Jemand kennt einen Aufstellungsleiter, zu dem eine Vertrauensbasis besteht. Die Bereitschaft, auf der Aufstellungsebene zu arbeiten, ist absolute Voraussetzung. Aufstellungsseminare können nicht »verordnet« werden. Oft eignen sie sich für Themen, bei denen verbale Coachingformen zum aktuellen Zeitpunkt nicht weiterhelfen.

Es wird kein theoretisches Wissen vermittelt. Der aufstellende Klient erhält keine

Handlungsanweisung von außen. Er arbeitet an seinem persönlichen aktuellen Thema und entscheidet aufgrund seines Erlebens und Beobachtens, wie er damit umgeht. Die Eigenverantwortung des Klienten ist ein zentrales Element der Aufstellungsarbeit und seiner Wirkung.

Unterschiedliche Aufstellungskontexte

- Aufstellungsarbeit mit neutralen Repräsentanten

Einen Führungskonflikt stellt ein Abteilungsleiter z.B. nicht mit seinen engsten Mitarbeitern auf, sondern mit unbeteiligten Repräsentanten. Dazu ist ein geschützter Rahmen notwendig, in dem der Klient – hier der Abteilungsleiter – sicher sein kann, dass das Erlebte nicht intern weitergetragen wird. Hierfür eignet sich ein neutraler Repräsentantenpool. Er besteht aus Personen, die sich als Stellvertreter zur Verfügung stellen. Es kann ohne Benennung von Namen gearbeitet werden. Dies trägt zum Schutz bei und beeinträchtigt weder Ergebnis noch Lösungsbild. Die Aufstellung an einem neutralen Ort außerhalb der Firma oder Institution ist ebenso sinnvoll.

Stellen Mitarbeiter hierarchisch übergeordnete Verantwortungsbereiche auf, achtet der AL darauf, dass dies ohne Anmaßung und unzulässige Eingriffe geschieht.

- Aufstellungen mit dem betroffenen Team

Um Teamkonflikte innerhalb des betroffenen Teams unter Anwesenheit aller Beteiligten aufzustellen, sollte der Leiter der Aufstellung sehr viel Erfahrung und Leitungskompetenz haben. Die Aufstellungstechnik muss dafür etwas abgewandelt werden. Es ist möglich, verdeckt zu arbeiten, indem die Anwesenden für Positionen aufgestellt werden, die nicht benannt werden, die Personen also nichts von der aufgestellten Thematik wissen.

Personen verschiedener Hierarchieebenen sollten eher nicht gleichzeitig anwesend sein. Die Offenheit der Mitarbeiter ist gegenüber Kollegen auf gleicher Hierarchieebene meist größer.

Bezieht sich das Anliegen eines Teams auf externe Probleme, z.B. Kunden- und Geschäftskontakte, Neugestaltung der Produktion oder allgemeine Firmenthemen wie Unternehmenskultur, Unternehmensziele, Leitbilder, kann das Aufstellungsseminar relativ gut in und mit dem Team durchgeführt werden. Sollten sehr persönliche Dinge auftauchen, beispielsweise die innere Kündigung eines Mitarbeiters, empfehle ich, diese Themen in einem separaten und geschützten Kontext anzusprechen und aufzustellen. Die Aufdeckung unter Anwesenheit von Kollegen ist zu vermeiden.

- Offene Aufstellungsseminare

Einen geschützten Rahmen bieten auch offene Aufstellungsseminare, meist Organisationsaufstellungsseminare genannt. Es nehmen Personen aus unterschiedlichen Berufsfeldern teil. Jeder bringt sein Thema mit.

Dieses Setting bietet den Vorteil, unter »Gleichgesinnten« Themen zu bearbeiten. Man lernt von anderen Aufstellungen, nimmt eine ganze Spannbreite von Themen mit und hat die Gelegenheit, in unterschiedlichste Repräsentantenrollen zu schlüpfen. Hierdurch wird die Wahrnehmungsfähigkeit geschärft.

- Einzelarbeit

Einzelcoachings werden von Einzelpersonen aus Unternehmen für unterschiedlichste berufliche und betriebliche Anliegen wahrgenommen. Sie bezahlen dies selbst oder das Unternehmen ermöglicht Coachingsitzungen.

In der Einzelarbeit wird mit Papierblättern oder Figuren anstelle von Repräsentanten gearbeitet.

Diese Arbeit gewährleistet absolute Vertraulichkeit. Sie ist deshalb für Themen mit Öffentlichkeitswirkung und in der Öffentlichkeit stehenden Personen geeignet.

Wer stellt auf?

Wer kann aufstellen?

Aufstellen kann prinzipiell jeder. Geht es um grundsätzliche Dinge in Firmen, ist es ideal, wenn derjenige aufstellt, der auch die Kompetenz hat, etwas zu ändern. Meistens gilt dann, je höher die Person in der Hierarchie – sofern dies mit steigender Handlungskompetenz verbunden ist –, desto wirkungsvoller ist die Aufstellung.

Dies sind insbesondere Unternehmensinhaber und Gründer, Vorstände, die Geschäftsleitung oder Abteilungsleiter. Stellen andere Mitarbeiter auf, ist es günstig, wenn die Aufstellungsarbeit zumindest von oben unterstützt wird. Dies begünstigt die Umsetzung.

Darüber hinaus gibt es natürlich sehr viele mögliche Aufstellungsthemen von einzelnen Mitarbeitern, unabhängig von der Hierarchieebene, die den eigenen Handlungsspielraum betreffen.

Berührt die Frage eines Angestellten das Gesamtsystem, müssen manchmal invariable, nicht von der aufstellenden Person zu ändernde Gegebenheiten akzeptiert werden. Im Vordergrund steht dann der optimale Umgang mit den Erkenntnissen. Beispiel: Eine beschlossene Unternehmensfusion kann nicht von einem Mitarbeiter rückgängig gemacht werden, selbst wenn diese sich negativ auf einzelne Arbeitsfelder auswirkt. Der optimale Umgang mit der Unternehmensfusion steht dann im Vordergrund der Aufstellungsarbeit.

Wann wird aufgestellt?

Es gilt: Je höher der Leidensdruck und desto dringlicher eine Veränderung erwünscht wird, umso sinnvoller und meist wirkungsvoller ist das Aufstellen.

Aufgestellt werden kann in verfahrenen Situationen mit dem Ziel, nach Lösungswegen zu suchen. Ebenso kann vor wichtigen Entscheidungen und der Einführung grundlegender Neuerungen aufgestellt werden, um die potenziellen Auswirkungen und Konsequenzen besser einschätzen zu können.

Aufstellungstechnik

Der Aufstellungsablauf

Die Aufstellungsarbeit lässt sich in mehrere Phasen untergliedern. Wie jede Phase gestaltet wird, liegt zum einen am Anliegen des Klienten sowie an der Art und dem Kenntnisstand der Aufstellungsleiter. In den folgenden Kapiteln werden die einzelnen Schritte detailliert beschrieben.

Die Phasen der Aufstellungsarbeit

Die Vorbereitung der Aufstellung
Die räumlichen Rahmenbedingungen vorbereiten
Die Klärung des Anliegens
Das Abklären von Zusatzinformationen
Das Herausarbeiten klarer Fragestellungen
Der AL legt fest, was aufgestellt wird: Art der Aufstellung, Personen und/oder abstrakte Elemente

Die Aufstellung des ersten Bildes
Der Klient wählt die Repräsentanten aus
Der Klient sammelt sich innerlich und stellt die Personen im Raum auf
Der Klient setzt sich und schaut von außen zu
Der AL befragt die Repräsentanten

Prozessarbeit
Stellungsarbeit: Das Umstellen (Nähe, Distanz, Blickrichtung)

Das Ergänzen von fehlenden Positionen
Die verbale Interaktion: Der AL schlägt Sätze vor. Diese werden von den Repräsentanten auf ihre Stimmigkeit hin überprüft

Lösungsbild
Die Erarbeitung des Lösungsbildes
Der Klient steht an seinem Platz und nimmt das Bild in sich auf
Das Entrollen der Teilnehmer
Die Nachbesprechung bei Bedarf

Die Klärung des Anliegens im Vorgespräch

Das Vorgespräch

Vor Beginn der Aufstellung ist es sehr wichtig, das Anliegen des Klienten zu klären. Nimmt der AL ein ganzes Bündel von Anliegen für eine Aufstellung an, ist der Focus unklar. Es kann dann nicht ziel- und lösungsorientiert gearbeitet werden.

Im Vorgespräch sollte geklärt werden:

- Was möchte der Klient?
- Welche Erwartungen hat er?
- Was ist sein spezielles Ziel?
- Kontextklärung: Was muss der AL wissen, um die Frage zuordnen zu können?

Die Intention der Aufstellungsarbeit abklären

Die richtigen Fragen zu formulieren, ist schon der erste Schritt in Richtung Lösung. Durch gezieltes Nachfragen kann dies unterstützt werden:

- Was wäre der nächste Schritt in Richtung auf das Ziel?
- Woran können Sie erkennen, dass das Ziel erreicht ist?
- Was ist dann anders? (Oft ist das Ziel nur Mittel zum Zweck.)
- Wenn sich etwas ändert, was ist dann anders?
- Was erhoffen Sie sich?
- Woran merken Sie es?
- Woran erkennen es andere?

Etwas weiter gedacht: Dass sich etwas ändert, d.h., dass das Ziel erreicht wird, ist eine Art Wunder. Das Ziel ist die Etappe zum Wunder: der Wandlung.

Ein etwas ausführlicheres Vorgespräch macht Sinn, wenn der Klient noch nicht in der Lage ist, sein Anliegen klar und prägnant zu formulieren.

Die Zusammenfassung des Anliegens in einem Satz

Am besten bittet man den Klienten nach dem Vorgespräch, sein Anliegen an die Aufstellung in einem Satz zu formulieren, z.B.:

- Was ist Ihr Anliegen an die Aufstellung?
- Welche Frage soll sich nach der Aufstellung für Sie geklärt haben?
- Was soll geschehen, dass es für Sie eine erfolgreiche Arbeit wird?
- Versuchen Sie, das Anliegen in ein bis zwei Sätzen zusammenzufassen.
- Was wäre ein gutes Ergebnis für Sie?
- Was soll sich, wenn Sie jetzt Gelegenheit haben, an einem Thema zu arbeiten, danach für Sie geändert haben?

Der *Erfolg* einer Aufstellung *korreliert* sehr stark *mit der Fragestellung*, weniger mit der Arbeit. Oft wird allein durch die Fragestellung etwas in Gang gesetzt.

Durch eine Aufstellung wird sozusagen Licht auf eine Bühne bzw. die unbewusste Realität geworfen. Für die AL ist die Frage wichtig: »Wie und worauf richtet man die Scheinwerfer aus?«

Einfach beschriebene Anliegen sind oft sehr komplex.
Komplex beschriebene Anliegen beginnen oft einfach.

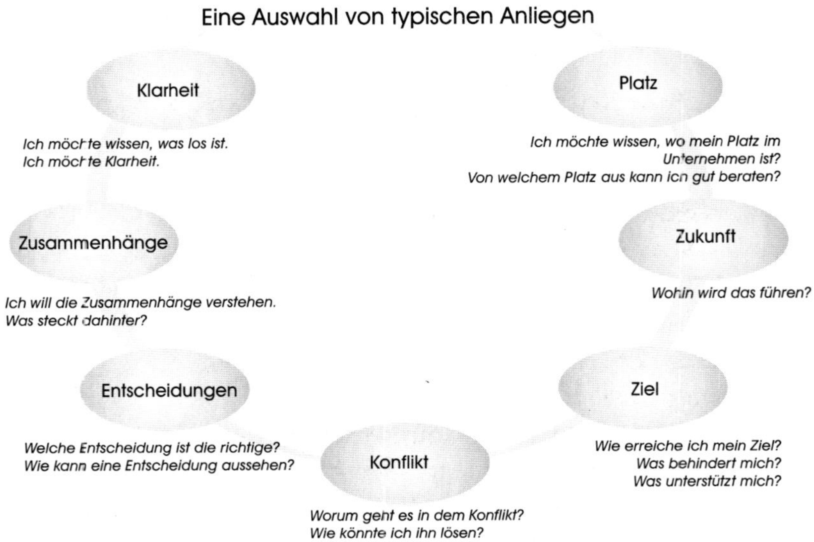

Wie viele Informationen sind notwendig?

Generell sind bei Aufstellungen sehr wenige Informationen notwendig. Wichtig bei Organisationsaufstellungen sind jedoch: Hierarchieverhältnisse, Dauer der Zugehörigkeit, Strukturen und Verantwortlichkeiten der Unternehmensorganisation, besondere Ereignisse (plötzliche Kündigungen, Fusionen, Besitzerwechsel). Was die Beteiligten nach Meinung des Klienten denken, tun und angeblich sagen, ist sekundär: Es wird meist die bewusst wahrgenommene Ebene geschildert. In der Aufstellung wird das Unbewusste gezeigt.

Die Erwartungen an die Aufstellung

Manchmal kommen Klienten mit einer bestimmten Erwartung in Aufstellungsgruppen. Diese sind oft sehr stark auf eine Familienaufstellung, weniger auf ein

Problemempfinden ausgerichtet, z.B. »Mir hat jemand erzählt, dass es eine Tante gibt. Von ihr wurde nie erzählt. Das will ich anschauen.«

Manchmal wird die Ursache des Problems vom Klienten schon erklärt: »Mein Vater ist schuld, dass es bei mir beruflich nicht klappen kann.« Bei der Aufstellung zeigt sich dann der eigentliche Grund für den Fortbestand des Problems. Dieser liegt erfahrungsgemäß auf einer anderen Ebene begründet, als der Klient denkt. Läge der Klient richtig mit der Ursachenforschung, hätte er das Problem selbst schon lösen können.

Wichtig ist: Geplante Aufstellungen durch den Klienten rufen Langeweile hervor.

Die Frage nach Ausgeschlossenen

Berichtet der Klient von einem Mangel in seinem Leben, ist es im Vorgespräch manchmal hilfreich zu recherchieren, wem aus seinem Umfeld, insbesondere in der Familie, das Gleiche fehlte, z.B.:

- Gibt es jemanden, der diesen Beruf nicht erreichen konnte?
- Wer durfte nicht glücklich sein?
- Wer hat auf dem Höhepunkt des Erfolges wieder alles verloren?

Oft leben Menschen in ihrem Leben unbewusst das gleiche Schicksal wie Eltern, Großeltern, Onkel und Tanten. In Aufstellungen zeigt sich in diesen Fällen eine sehr starke Loyalität zu der jeweiligen Person. Man spricht auch von »partieller Musteridentifikation«, wenn Personen jemandem aus dem Ursprungsfamiliensystem nacheifern.

Der Rededrang

Es gibt Klienten mit großem Rededrang. Oft ist es schwierig, den Fluss zu stoppen und ein konkretes Anliegen zu fokussieren. Lässt der AL eine zu lange Rede zu, die nicht auf den Punkt kommt, insbesondere anklagende Beschuldigungen auf den oder die bösen Chefs, Kollegen, Mutter, Vater etc., macht sich in der Gruppe schnell Unruhe und Ungeduld bemerkbar. Die Aufmerksamkeit und Energiedichte sinkt. Daher folgende Empfehlung für den AL:

- *Eingreifen*, wenn der Klient viel erzählt und sich nichts ändert.
- *Nicht eingreifen* dagegen sollte der AL, wenn sich jemand zum ersten Mal öffnet.

Der Klient, der geschickt worden ist

Es gibt Klienten, die von jemandem zum Aufstellen geschickt werden. In diesem Fall kann es sein, dass dieser Klient kommt, um der Person, die ihn weiterempfohlen hat, zu beweisen: Ich tue etwas oder du siehst: Er/sie konnte auch nichts daran ändern. Häufig ist zu beobachten, dass es für Klienten, selbst wenn sich umfangreiche Prozesse während der Arbeit ergeben, schwer ist, Lösungen anzunehmen und sie gerne bereit sind, in alte Muster zurückzufallen.

Wenn die Person, die den Klienten schickt, eine große Rolle spielt, ist es oft sinnvoll, sie in das Vorgespräch mit einzubeziehen. Das ist z.B. durch folgende Fragen möglich:

- Wie reagiert Herr X, Frau Y auf eine Veränderung bei Ihnen?
- Wie gehen Sie mit dieser Reaktion um?

Das Vertrauen in die Aufstellungsarbeit

Hat der AL in der Einzelarbeit oder in der Gruppe das Gefühl, dass das Vertrauen und die Bereitschaft des Klienten, sich für eine Arbeit zu öffnen, noch nicht sehr groß ist, bietet es sich an, den Arbeitsauftrag und die Bereitschaft zu arbeiten abzuklären. Z.B.:

- Woran würden Sie erkennen, dass es gut läuft?
- Woran erkennen Sie, dass es nicht gut läuft?
- Woran würden Sie merken, dass Sie die Gewissheit bekommen, dass Sie weiterarbeiten wollen?

Kliententypen

Steve de Shazer (Experte für lösungsfokussiertes Arbeiten) beschreibt drei Kategorien von Klienten:

- *Besucher* mit unbekanntem Ziel,
- *Klagende* mit Opferhaltung und
- *Kunden*, die handeln wollen.

Aufstellungsarbeit ist insbesondere für die Handelnden ein sehr effektives Element. Oft zeigt sich die Umsetzung erstaunlich rasant. Bei den anderen beiden Kategorien kann es vorkommen, dass noch viele Widerstände gegen eine Lösung vorhanden sind. Dies zeigt sich in der Art der Formulierung der Frage oder daran, wie die Arbeit im Anschluss vom Klienten verinnerlicht und umgesetzt wird.

Wann sollte nicht aufgestellt werden?

Es gibt Situationen, in denen sich eine Aufstellung nicht empfiehlt, z.B.:

- Wenn der Klient noch nicht so weit ist, sein Anliegen zu äußern.
- Wenn der Klient das Aufstellen als eine weitere Methode sieht, nicht zu handeln.
- Wenn der Anlass/die Frage nicht adäquat/gemäß ist (z.B. manipulative Zwecke).
- Wenn die Ernsthaftigkeit fehlt.
- Wenn der notwendige Schutz nicht gewährleistet ist.
- Wenn schlecht mit Repräsentanten umgegangen wird.
- In einem aktuellen Trauerprozess, bei aktuellem Verlust (Scheidung etc.).

In Zweifelsfällen besteht natürlich die Möglichkeit, für eine Aufstellungsarbeit die Rahmenbedingungen zu klären, beispielsweise:

- Ist es momentan für mich gut oder noch nicht an der Zeit aufzustellen?
- Was brauche ich an Schutz/Sicherheit?
- Welche Rahmenbedingungen sind wichtig, um aufzustellen?

Ein klares Anliegen herauszuarbeiten ist sehr wichtig. Am besten sollte dies vom Klienten nach einem kurzen Vorgespräch in einem Satz formuliert werden können.

Die Auswahl der Stellvertreter

Der Klient sucht sowohl für sich als auch für alle anderen vom AL vorgeschlagenen Positionen einen Repräsentanten aus. Die Auswahl sollte relativ zügig geschehen. Sofern ausreichend Personen zur Verfügung stehen, sollte der Klient Stellvertreter wählen, die mit dem Thema nichts zu tun haben, also nicht betroffen sind. Zögert der Klient bei der Wahl der Stellvertreter, kann er unauffällig unterstützt werden durch Sätze wie:

- Jede Wahl wird richtig sein.
- Jeder kann es.
- Entscheide dich nach deinem Gefühl heraus.

Sofern genug Repräsentanten des der Rolle entsprechenden Geschlechts vorhanden sind, sollten diese bevorzugt ausgewählt werden.

Die Ausgewählten stehen auf und merken sich, für welche Position sie ausgesucht worden sind. Werden sehr viele Positionen benötigt, kann der AL die Positionen nach der Gesamtauswahl nochmals kurz benennen. Dies verbessert die Übersichtlichkeit.

Das Aussuchen der Repräsentanten sollte zügig ablaufen.
Unbeteiligte Repräsentanten sind zu bevorzugen.

Das Aufstellen der Repräsentanten

Es gibt unterschiedliche Möglichkeiten, Repräsentanten aufzustellen. Ich persönlich bevorzuge folgendes Vorgehen: Der Klient führt den Repräsentanten, indem er hinter ihn tritt und beide Schultern mit den Händen berührt. Er setzt sich gesammelt in Bewegung und sucht und findet den momentan stimmigen Platz im Raum. Die Repräsentanten haben dabei die Aufgabe, sich führen zu lassen und darauf zu achten, wie es ihnen beim Geführtwerden ergeht.

Sehr wichtig ist, dass der Klient nicht einen Plan beim Aufstellen verfolgt, sondern aus der Intuition heraus aufstellt. Passiert dies nicht, werden die Repräsentanten oft noch mehrmals nach dem Aufstellen vom Klienten umgestellt – typischerweise mit spezifisch nachdenklich planendem Gesichtsausdruck. Dies wird öfters beim Aufstellen des Klienten praktiziert, wenn der Klient den Repräsentanten an den Händen führt. Die Gefahr, dass nicht das innere Bild aufgestellt wird, ist dann sehr groß. Häufig fehlt dem ersten Bild dann auch jegliche Kraft und Authentizität. Die Energiedichte des Arbeitsfeldes ist gering. Der AL bemüht sich unter Umständen ohne Aussicht auf Erfolg um ein Lösungsbild.

Fällt es dem Klienten schwer, dem inneren Gefühl zu folgen, gibt es die Möglichkeiten, ihn verbal zu unterstützen. Eine so genannte Verwirrungstaktik, die von den Gedanken ablenkt, indem dreifache Aufmerksamkeit gleichzeitig gefordert wird, unterstützt einen leicht tranceartigen Zustand beim Führen der Repräsentanten. Oft hilft auch die Aufforderung: »Schließe die Augen, atme tief durch und spür mit geschlossenen Augen, wo es dich hinzieht.«

Einige Beispiele von Sätzen zur Unterstützung des intuitiven Spürens des Klienten:

- Dreifache Aufmerksamkeit auf Hände, Füße, Arme. Die, die aufgestellt werden, lassen sich überraschen, was sich ändert, während sie an diesen Platz geführt werden.
- Folge der Bewegung, in der du dich befindest.
- Achte auf deine Hände.
- Spüre den Atem, der in deine Hände geht.
- Achte auf Füße, Hände, Atem ...
- Konzentriere dich auf deinen Atem, lasse dich von deinen Händen führen. Die anderen achten darauf, was sich ändert.

Repräsentanten, für die Aufstellungsarbeit noch sehr neu ist, stellen oft die Frage: »Was soll ich jetzt tun?« Am besten ist dies vor Beginn der Aufstellungsarbeit abzuklären. Folgender Satz unterstützt sie, während sie im Raum positioniert bzw. aufgestellt werden: »Die Repräsentanten spüren, wie es ihnen beim Aufstellen geht und schauen, was sich verändert, wenn jemand neu dazukommt.«

Am besten ist es, wenn der AL einen für ihn passenden Satz entwickelt und als Ritual bei entsprechender Gelegenheit einbringt. Die Teilnehmer von Gruppen finden dadurch schneller in den zum Aufstellen von Repräsentanten notwendigen Entspannungszustand. Klienten, die häufiger aufstellen, schätzen diese Einleitung als gewohnten Impuls, Gedanken auszuschalten und zu spüren. Sehr hilfreich ist dies auch in der Einzelarbeit. Der Klient hat dadurch etwas Zeit, sich zu entspannen und kann sich auf die Spürebene einstellen.

Zweifel

Die meisten Klienten haben kein Problem, sich das Aufstellen der Repräsentanten vorzustellen und/oder dies zu tun. Es gibt jedoch Ausnahmen und es kommt vor, dass jemand, der noch nie aufgestellt hat, Zweifel bekommt, ob er spüren kann, wo der richtige Platz ist. Fragen wie »Woher weiß ich, was der richtige Platz ist?« und »Ich kann mir nicht vorstellen, wie ich das spüren kann« werden gestellt. Bekommt derjenige jedoch Gelegenheit, etwas für sich aufzustellen, zerstreuen sich die Zweifel meist schnell.

Gesammeltes Aufstellen ist wichtig, um das authentische Bild – nicht ein geplantes Bild – zu erhalten. Das Gespür des Klienten ist in dem Moment gefragt – nicht eine Anordnung der Positionen, die er im Kopf entwickelt hat.
Der AL muss lernen, schnell zu erkennen, ob das, was der Klient aufstellt, seinem inneren Bild entspricht. Hat der Klient die Aufstellungsanordnung vorab geplant und stellt er die Repräsentanten nicht an den aktuell erspürten Platz, sollte der AL dies sofort unterbrechen.

Das Befragen der Repräsentanten

Hat der Klient alle Repräsentanten aufgestellt, setzt dieser sich außerhalb des Systems. Der AL befragt die Repräsentanten nach ihrer Befindlichkeit.

- Wie geht es dir?
- Was hat sich verändert?
- Wie fühlt es sich jetzt an?

Erstaunlicherweise fühlen die Stellvertreter wie die Personen, die sie vertreten. Es kann z.B. sein, dass jemand plötzlich einen Druck in der Magengegend verspürt. Später stellt sich heraus, dass die Person, die er repräsentierte, aufgrund einer aktuellen Stresssituation mit Magenproblemen zu kämpfen hat. Wie diese Informationsübermittlung zustande kommt, kann man noch nicht erklären. Man arbeitet beim Aufstellen mit der Tatsache, dass dies immer und immer wieder so passiert.

Ein Beispiel: Der Stellvertreter eines Mitarbeiters kann plötzlich nicht mehr stehen. Der Klient schiebt die Information nach: »Ach so, der Mitarbeiter sitzt im Rollstuhl. Sein rechtes Bein ist amputiert.«

Oder: Der Blick des Repräsentanten eines Vorstandsmitglieds richtet sich auf eine Stelle außerhalb des Systems. Er sagt: »Ich kann mich momentan nicht um die anstehenden Aufgaben kümmern. Bei mir steht gerade Wichtigeres an.« Zwei Tage nach der Aufstellung berichtet der Klient, dass er gerade erfahren habe, dass die Ehefrau des Vorstandskollegen akut an Krebs erkrankt sei. Somit erklärte sich das momentane Desinteresse an beruflichen Fakten. Die Krankheit des Partners steht im Mittelpunkt der Aufmerksamkeit des Vorstandskollegen.

Wertvolle Hinweise auf die Dynamik sind Äußerungen der Repräsentanten über

- Gefühle (Es geht mir gut an dem Platz; Es fühlt sich hier neben Herrn X unangenehm an),
- Körperempfindungen (Das rechte Bein ist schwer; Ich spüre Kälteschauer; Mein linker Arm ist ganz warm),
- Gedanken (Ich will hier raus aus dem System; Die Arbeit macht keinen Spaß mehr; Mit Frau X würde ich gerne zusammenarbeiten).

Nicht zugelassen werden sollten Interpretationen und Vermischungen der Mitteilungen mit persönlichen Ansichten des Stellvertreters.

Nacheinander werden alle aufgestellten Stellvertreter befragt. Manchmal melden sich bereits befragte Repräsentanten zu Wort, weil sie auf etwas Gesagtes besonders reagieren. Dies kann wichtig für den Prozess sein.

Der AL kann Sätze nochmals wiederholen. Dies hat den Effekt, dass die Aussage verstärkt wird. Für die anderen im Raum kann dies notwendig werden, falls der Repräsentant sehr leise spricht.

Die Repräsentanten fühlen sich wie die wirklichen Personen, die sie in dem Moment vertreten. Sie nehmen veränderte Körperhaltungen ein und äußern Gefühle, Körperempfindungen, Gedanken bis hin zu Gesten der vertretenen Person.

Das Entwickeln von Lösungsbildern

Das erste Bild einer Aufstellung spiegelt im Allgemeinen den *Status quo* einer Situation. Durch *Veränderung der räumlichen Stellung* der einzelnen Repräsentanten und das Sprechenlassen von Sätzen *(verbale Interaktion)* werden Veränderungsprozesse in Gang gesetzt. (Verdrängte) Gegebenheiten werden benannt und Verstrickungen aufgelöst.

Räumliche Interaktion

Manchmal braucht es etwas Zeit, um die adäquaten Stellungen für alle Beteiligten des aufgestellten Systems zu finden. Die umgestellten Personen fühlen sich meist sofort besser an ihrem adäquaten Platz. Chefs fühlen sich beispielsweise meist besser an einem Platz rechts außen (in Relation zu ihren Mitarbeitern). Es kann jedoch auch sein, dass sie diesen Platz aus irgendwelchen Gründen nicht einnehmen können. Mit verbaler Interaktion kann dann weitergearbeitet werden.

Mitarbeiter spüren normalerweise genau, wo der richtige Platz hinsichtlich der Dauer der Zugehörigkeit zu einem System ist. Selbst bei gleicher Hierarchieebene wird oft ein Unterschied wahrgenommen.

Verbale Interaktion

Wird z.B. einem Mitarbeiter* der Satz vorgeschlagen, zu dem Stellvertreter seines Chefs zu sagen: »Ich akzeptiere dich als meinen Chef«, können unterschiedliche Reaktionen beobachtet werden. Zum einen kann sein, dass der Mitarbeiter dies ohne Probleme sagen kann, d.h. es gibt kein Problem für ihn, den Chef in seiner Funktion zu akzeptieren.

Es kann jedoch genauso sein, dass es dem Mitarbeiter sehr schwer fällt, diesen Satz zu sagen. Dies kann ganz unterschiedliche Ursachen haben. Vielleicht wird deutlich, dass er sich für den besseren Chef hält. Lässt man beispielsweise hinter dem Chef noch »Das, um was es geht« auftauchen, zeigt sich manchmal, dass es sich in Wirklichkeit um eine Verwechslung handelt und das Nichtakzeptieren ein anderes Ziel hat. (Weiteres dazu im Kapitel »Etwas ›dahinter‹ auftauchen lassen«.) Vielleicht überträgt der Mitarbeiter das Nichtakzeptieren seines Vaters auf seinen Chef und erkennt »Ich habe da etwas verwechselt«.

Durch räumliches Umstellen und verbale Interaktion werden Lösungsbilder für eine Fragestellung entwickelt.
Man unterscheidet: das Anfangsbild, Zwischenbilder, Lösungsbilder.

* Gemeint ist hier der in der Aufstellung als Platzhalter verwendete Stellvertreter.

Anfangsbild

Zwischenbild

Lösungsbild

Ein Lösungsbild ist als ein Bild von einem Schritt in etwas Neues, z.B. eine neue Sichtweise der Situation, zu sehen.
Für die einzelnen Schritte wird viel Intuition und Feingefühl benötigt.
Die Entwicklung eines Lösungsbildes kann sehr schnell gehen. Manchmal braucht es dafür umfangreiche Prozessschritte.

Das Ende der Aufstellung

Stellt sich der Klient ins Lösungsbild oder reicht es, was er von außen mitbekommen hat?

Gegen Ende der Aufstellung gibt es zwei Möglichkeiten: Der AL kann den Klienten bitten, sich ins Lösungsbild zu stellen oder die Aufstellung mit dem Stellvertreter an seinem Platz beenden.

Ist sehr tief gehend gearbeitet worden, äußern manche Klienten von selbst, dass es ihnen genügt, was sie gesehen haben. Das Einnehmen des eigenen Platzes im Lösungsbild wäre in dem Moment zu viel für sie.

Ein AL mit Erfahrung spürt sehr genau, wann es sinnvoll ist, den Klienten reinzustellen und wann es dem Klienten genügt, das Erarbeitete von außen aufzunehmen. Sind die Widerstände gegen das Neue sehr groß, würde das Reinstehen des Klienten unter Umständen einen Rückfall »ins Alte« bewirken und ein nochmaliges Aufrollen des Prozesses nach sich ziehen. Dies muss vom AL, insbesondere bei Zeitmangel und aus Rücksicht auf das bereits Erarbeitete, abgewogen werden.

Der AL benötigt ein feines Gespür, um schnell entscheiden zu können, ob es Sinn macht, den Klienten ins Abschlussbild an die Position seines Repräsentanten zu stellen oder nicht.

Übergang vom Aufstellungsbild in die Realität

Ist die Aufstellung an einem geeigneten »Endpunkt« angelangt, ist es manchmal günstig, durch ein paar Worte den Übergang vom erarbeiteten Lösungsbild in die Realität zu unterstützen.

Der AL kann diesen Übergang z.B. durch folgende Sätze einleiten:

- Nimm das Bild gut in dir auf und lass etwas gutes Neues damit beginnen.
- Eine Aufstellung endet immer mit einem Neubeginn.
- Das Aufstellungsbild endet mit dem Bild einer Lösung.
- Lass dich überraschen, was deine Seele damit beginnt.
- Ein Ziel ist der Beginn von etwas Neuem.
- Vertraue das Bild deiner Seele an und lass sie etwas Gutes damit anfangen.
- Nimm das ganze Bild, beziehe es mit ein und vertraue deiner Seele, dass sie etwas Gutes beginnt. Die Fortsetzung beginnt in der Außenwelt. Lass dich überraschen.

Es kann sein, dass ein Klient die Lösung uninteressant findet. Hier kann eine Bemerkung des AL angemessen sein:

- Es gibt immer einen Preis, den man für die Lösung zahlen muss.

Das Entrollen der Teilnehmer

Es ist möglich, den Repräsentanten das Ablegen der Stellvertreterrolle, insbesondere bei sehr anstrengenden Rollen, zu erleichtern, indem z.B. der Klient nach Abschluss der Arbeit zum Stellvertreter sagt: »Du bist jetzt nicht mehr in der Rolle. Du bist wieder du selbst.«

Die Notwendigkeit des Entrollens wird immer wieder heftig diskutiert. Sind Gruppenteilnehmer daran gewöhnt, wird oft der dringende Wunsch geäußert: »Ich möchte bitte entrollt werden.« Bert Hellinger sagte im Frühjahr 2000 dazu: »Ich habe das Gefühl, dass man dadurch den Repräsentanten etwas nimmt, wenn man sie entrollt.« Jede Rolle bietet natürlich eine Chance, etwas zu lernen und für sich selbst zu entscheiden, was man mitnimmt.

Wenn der Klient den Auftrag bekommt, zu jedem einzelnen zu gehen und ihn persönlich zu entrollen, wird er unter Umständen stark von der Wirkung seiner Aufstellung abgelenkt.

Wichtig ist natürlich, sich um Personen zu kümmern, wenn sie in sehr bewegten Rollen waren. Manchmal hilft eine Erinnerung des AL daran, dass der Repräsentant gut für sich sorgt, eventuell an die frische Luft geht, sich bewegt, Wasser über Gesicht und Hände gibt. Im Extremfall ist auch eine Dusche gut. Davon haben z.B. Stellvertreter von Länderpositionen oder Repräsentanten bei Aufstellungen von Völkerkonflikten berichtet.

Ich persönlich empfehle nach einer Aufstellungsarbeit den Klienten, sich bei den Repräsentanten zu bedanken und füge danach an »und die Repräsentanten entrollen sich wieder gut und gehen ins eigene Leben zurück«.

Viele Klienten haben von alleine den Impuls, sich zu bedanken und Matthias Varga von Kibéd sagt so schön: »Klienten, die sich von sich aus bedanken, haben oft eine höhere Chance bei der Umsetzung. Die Aufforderung bringt nichts.«

Einige hilfreiche Sätze für AL an den Klienten und Repräsentanten gegen Ende der Aufstellung:

- Bedank dich bei den Repräsentanten und die Repräsentanten sorgen gut für sich.
- Und die Repräsentanten entlässt du wieder in ihr eigenes Leben.
- Nimm alles, was du als hilfreich empfindest, mit. Den Rest lässt du hier wie einen alten Hut.

Bei intensiven Rollen benötigen Repräsentanten unter Umständen etwas Zeit und Unterstützung, um sich wieder zu entrollen.

Rückmeldungen an den Klienten

Im Anschluss an die Aufstellung gibt es unterschiedliche Verfahrensweisen bezüglich der Rückmeldungen an den Klienten.

Oft läuft eine Aufstellung so rund und aussagekräftig ab, dass jedes Wort darüber zu viel wäre. Manchmal hat der Klient noch das Bedürfnis, sich zu äußern oder er hat Fragen an die Stellvertreter. Eine Rückmeldung der Repräsentanten, aus der Erinnerung an seine eingenommene Position, kann unter Umständen noch sehr wichtig für den Klienten sein. Auch ein Zuschauer kann etwas Wesentliches, was noch nicht gesagt worden ist, bemerken. Insgesamt sollte jedoch nicht zu viel gesprochen werden, da die Gefahr besteht, dass das Erlebte wieder verdeckt und/oder zerredet wird. Das Gefühl wird vom »bewertenden« Kopf überdeckt.

Interpretationen und Ratschläge zum Gesehenen sollten vom AL unterbunden werden. Zu lange Diskussionen oder der Rückfall des Klienten in alte Muster, »So einfach ist das alles nicht. Ich kann mir das so nicht vorstellen. Was soll ich jetzt tun« ... senken den Energiepegel in der Gruppe schlagartig.

Eine Entscheidung des AL ist hier oft passend, z.B.:

- Ich belasse es jetzt hiermit. Wenn später noch etwas auftaucht, können wir gerne nochmals darauf zurückkommen.

Insgesamt gilt zu Gesprächen über das Erlebte: Weniger ist oft mehr.

Nach der Aufstellung gibt es unterschiedliche Vorgehensweisen:

- Es wird nicht weiter über das Erlebte gesprochen.
- Der Klient äußert sich.
- Die Aufgestellten geben noch wichtige Rückmeldungen bezüglich der Eindrücke in der Stellvertreterposition.
- Die Zuschauer beschreiben Beobachtungen und Eindrücke, die sie während der Aufstellung hatten.
- Der Klient verlässt den Raum und geht etwas spazieren. So hat er einen geschützten Raum, um das Erlebte zu verarbeiten. Es macht nichts, wenn er die nächste Aufstellung verpasst.

Vor – während – nach der Aufstellung

Die räumlichen Rahmenbedingungen

Arbeitet man in *Räumen*, ist es günstig, bei Aufstellungsbeginn dafür zu sorgen, dass Türen und Fenster geschlossen sind. Bleiben Fenster und Türen auf, ist es schwerer, die für die Aufstellungsarbeit notwendige Energie und Konzentration zu halten. Während der Aufstellung wird dies auch von den Anwesenden meist problemlos akzeptiert. Kann jemand die Energiedichte im Raum nicht aushalten, hat dies oft eher andere Gründe als mangelnde Frischluft. Nach der Aufstellung herrscht dann das allgemeine Bedürfnis durchzulüften, um dem Raum neue Energie zuzuführen.

Arbeitet man dagegen in der *Natur*, z.B. auf einer Wiese, und integriert sozusagen ein größeres Umfeld in die Aufstellung, ist es kein Problem, konzentriert zu arbeiten. Es ist eher eine Typsache, ob Klienten und Repräsentanten mit der Weite der

Natur umgehen können. Spaziergänger und Geräusche werden oft weniger als Störung empfunden.

Im Verlauf von verschiedenen mehrtägigen Seminaren habe ich erlebt, dass jeweils etwa die Hälfte der Gruppe lieber draußen arbeiten wollte. Die andere Hälfte bevorzugte den begrenzten und überschaubaren Raum.

Für die Zuschauenden scheint es im Raum leichter zu sein, konzentriert mitzuerleben, was in der Aufstellung passiert. Draußen scheint dies aus akustischen Gründen schwieriger zu sein. Dafür wurden die Stellungen der Personen draußen von den Zuschauern als kraftvoller erlebt.

Es zeigte sich auch ein deutlicher Unterschied in den Themen, die draußen und drinnen aufgestellt werden. Draußen haben die Themen tendenziell einen räumlichen, langfristigen und sehr weittragenden Charakter. Die Klienten äußern oft, dass sie das gleiche Thema in dieser Form nicht im geschlossenen Raum hätten aufstellen können.

Es gibt Aufstellungsteilnehmer, die lieber draußen als drinnen arbeiten und umgekehrt. Die aufgestellten Themen unterscheiden sich teilweise bezüglich Intensität und Tragweite.

Aufstellungen in Firmenräumen?

Prinzipiell erlebe ich es bisher als günstiger, wenn Angestellte/Inhaber eines Unternehmens oder einer Institution in neutralen Räumen aufstellen. Am besten mit ausreichend räumlicher Distanz zu den Arbeitsräumen. Wird innerhalb des eigenen Unternehmens aufgestellt, ist das Loslassen von der eigenen Rolle – z.B. Gründer oder Leiter – einer Firma schwierig, selbst bei Anwesenheit neutraler Repräsentanten.

Sehr gerne wird deshalb auch an räumlich entfernten Orten aufgestellt, z.B. ein Chef oder Angestellter in einer Kleinstadt bevorzugt die Anonymität einer Großstadt.

Die drei Leitlinien der Aufstellungsarbeit

Bert Hellinger formulierte drei Grundsätze, die für die Aufstellungsarbeit zutreffen:

1. Anerkennen was ist.
2. Finden was wirkt.
3. Die Mitte fühlt sich leicht an.

Die drei Leitlinien beschreiben treffend die Haltung, mit der man die Aufstellungsarbeit angehen sollte: Dies gilt sowohl für den AL als auch den Klienten.

Bei der Arbeit steht zu Beginn im Vordergrund »das, was ist« zu sehen, wahrzunehmen und wenn es unbekannt oder ein unbeliebter Aspekt ist, trotz alledem erst einmal anzuerkennen. Der nächste Schritt ist herauszubekommen, was zu einer Lösung und/oder Entspannung der Situation beitragen kann. Ob die richtigen Wandlungsschritte und Prozesse durchgeführt worden sind, erkennt man daran, dass sich die Repräsentanten aller beteiligten Systemmitglieder gut bzw. besser fühlen. Oder besser gesagt, »Die Mitte fühlt sich leicht an«. Dies ist dann die Lösung. Mehr gibt es an dieser Stelle nicht hinzuzufügen – auch wenn es manchmal schwer für Klienten ist, dies anzunehmen.

Die Aufgaben von Aufstellungsleiter, Klient, Repräsentant und Zuschauer während der Aufstellung

Der Aufstellungsleiter

Mit welcher Haltung sollte der AL die Aufstellung leiten? Die beste Form, an eine Aufstellung heranzugehen ist, keinen Plan oder persönliche Absicht zu verfolgen, sondern sich überraschen zu lassen und offen zu sein für »das, was auftaucht« – und darauf zu reagieren. Das, was auftaucht, sollte der AL akzeptieren, dem, was sich zeigt, zustimmen und entsprechende Wandlungsschritte einleiten.

Es gibt immer Überraschungen bei Aufstellungen: Die Aufstellung zeigt nochmals anderes als das, was der Klient als Ursache seines Problems beschreibt und etwas anderes, als der Zuhörer der Schilderung vermutet.

Die Aufgaben des AL während der Arbeit: Der AL übernimmt die Verantwortung für den Prozess und die Moderation. Er schlägt Interventionen vor und berücksichtigt bei der Arbeit die Reaktion der Repräsentanten.

Der AL ist verbunden mit dem System und folgt den Impulsen, die während der Arbeit auftauchen. Er kann den Ablauf und das Lösungsbild nicht planen – nur die Entwicklung dahin unterstützen, indem er Interventionen vorschlägt.

Der Abstand: Abstand und Distanz zum Geschehen in der Aufstellung sind wichtig. Dies ist durch räumlichen und inneren Abstand zu erreichen. Sonst geht die Fähigkeit des AL wahrzunehmen, was ist, verloren. In der Nähe ist sie nicht möglich. Die Wahrnehmung hat keine persönliche Absicht. Sie wirkt in einem Raum, in dem nur gilt, was ist und wirkt – nichts mehr.

Wichtig ist, sich klar und kraftvoll abzugrenzen, ohne aggressiv zu werden. Folgende Haltungen zur Arbeit und zur Gruppe sind hilfreich:

- Ich werde mein Bestes tun, und ich nehme an, dass Sie Ihr Bestes tun werden.
- Ich werde sehen, was ich tun kann.

Der Aufstellungsleiter und seine Angst: Bekommt der AL Angst vor dem, was sich im Bild zeigt, und ignoriert, benennt oder bearbeitet es nicht, merken dies Klient und Zuschauer. Der Klient wird misstrauisch und der Kontakt ist gestört.

Was ist wichtig?

- Nicht das Schauen auf die Wirklichkeit. Die Begegnung mit der Wirklichkeit, die sich in der Aufstellung zeigt, ist wichtig. Sonst vertrauen die Teilnehmer dem AL nicht mehr.
- Wichtig ist: Sehen und schauen, ohne Angst vor dem, was sich in der Aufstellung zeigt. Dazu braucht man *Mut.*
- Es kann Situationen während einer Aufstellung geben, in denen im Raum eine atemlose Stille herrscht. Die volle Aufmerksamkeit aller ist auf etwas, was auftaucht, fokussiert.
- Manchmal kann etwas sehr Schweres auftauchen. Der AL sollte sich der Energiedichte stellen, damit umgehen und entsprechende Schritte einleiten. Ignoriert er das Wesentliche und lenkt er davon ab, merken dies alle im Raum. Eine Unzufriedenheit stellt sich ein.

»Kritik« an der Aufstellungsarbeit: Es kann geschehen, dass während eines Aufstellungsseminars Kritik geübt wird: an der Methode, der Arbeit, den Auswirkungen der Aufstellung auf den Klienten, dem AL, den Repräsentanten. Die Erwartungshaltung ist eine andere.

Die Kritik kann unterschiedliche Gründe haben:

- Es kann wirklich etwas nicht korrekt gelaufen oder übersehen worden sein.
- Kritik kann eine Form des Widerstandes oder eine Erinnerung an Eigenes und Verdrängtes sein, die Unwillen hervorruft, z.B. »Ich wollte doch nur Organisationsaufstellungen erleben. Mit den ganzen persönlichen Themen, die da mit reinspielen und auftauchen, möchte ich mich momentan nicht auseinander setzen.«
- Kritik kann auf Verletzung, Angst und Einwänden, dass ein Idealbild nicht aufrecht erhalten wird, beruhen.
- Oder anders ausgedrückt: Wenn man lange für das Falsche gelitten hat, kann es nicht mehr falsch sein. Daher wird es lieber gerechtfertigt, statt dass man es zugibt. *Die Lösung wäre, dass man sich davon verabschiedet.* Beispiel: Die leibliche Mutter muss die »Böse« bleiben, damit die Adoptivmutter weiterhin die »Gute« ist.

Wichtig ist, Kritik von anderen zu achten und ihr einen adäquaten Raum zu geben. Sie sollte vom AL aufgenommen und angenommen werden. Z.B. »Ja, wenn's so war, tut es mir Leid.« Wichtig ist, dass der AL sich nicht alleine für den Seminarverlauf verantwortlich fühlt (was nicht heißt, dass es ihm egal ist), z.B. in der Art:

- Was können wir tun?

- Unter Umständen macht es Sinn, das, was den Kursverlauf momentan »zäh« macht, aufzustellen – oder zumindest an- oder auszusprechen.

Pausen: Während der Aufstellung kann es Phasen geben, in denen scheinbar nichts weitergeht und der Prozess zu stagnieren scheint. An solchen Punkten kann es Sinn machen, wenn der AL dies anspricht und sagt: »Jetzt weiß ich gerade nicht weiter« oder »Jetzt fällt mir nichts mehr ein«. Oft hat daraufhin einer der Aufgestellten eine Idee oder einen Impuls, und der Prozess geht weiter.

Nach meiner Beobachtung scheint eine gewisse Zähigkeit im Verlauf ein wichtiger Bestandteil mancher Prozessverläufe zu sein. Den Anwesenden sollte dies eine entsprechende Zeit zugemutet werden. Natürlich sollte man in Extremfällen die Aufstellung eher abbrechen, wenn etwas wirklich total verfahren ist und das weitere Bemühen keinen Sinn macht. Gründe dafür können sein:

- Der Klient oder ein Systemmitglied will oder kann den Prozess nicht weitergehen.
- Es kann eine wichtige Information oder ein Systemmitglied fehlen.

Manchmal braucht der AL eine Pause, um zu verdauen, was gesagt worden ist und um Abstand zu gewinnen. Er kann sich zurücklehnen und ruhig sagen:
»Ich brauche jetzt eine Pause« oder »Ich weiß nicht weiter«.

Was sollten Aufstellungsleiter für sich tun? Für die AL ist es natürlich auch wichtig, die Wirkung eigener Aufstellungsthemen an sich persönlich zu erleben. Dies ist eine zentrale Perspektive des Zugangs zur Methode. Meines Erachtens sollte nicht nur die Ursprungsfamilie aufgestellt werden, sondern kontinuierlich an aktuellen beruflichen und privaten Themen mit abstrakten Aufstellungen oder Strukturaufstellungsformen gearbeitet werden. Für Berater ist es z.B. sehr wertvoll, sich und das zu beratende System aufzustellen. Nicht nur mit der Perspektive, das System besser zu verstehen, sondern auch, um einen guten und adäquaten Platz für sich selbst in Relation zu dem beratenden Unternehmen zu finden.

Für den AL gilt: Sobald eigene Themen bearbeitet sind, kommen Klienten mit neuen/anderen Themen. Manchmal ist zu beobachten, dass Klienten mit Fragestellungen kommen, welche den AL gerade besonders beschäftigen.

Schutz: Durch das Arbeiten und Erleben/Spüren/Wahrnehmen vieler Systeme benötigt der AL einen veränderten Schutz:

- Das muss jeder individuell lernen.
- Der Austausch mit Kollegen ist hilfreich.

AL
Das Feld des AL interagiert mit dem Feld des Klienten. Sobald eigene Themen bearbeitet sind, kommen neue Klienten. Der AL kann auch Themen für Klienten aufstellen, in denen er selbst noch drin steckt und lernt dabei selbst für sich dazu.
Der AL muss lernen, seine Energie und Kraft zu bewahren. Er taucht kurzzeitig in andere Energiefelder ein, nimmt sie wahr und verlässt sie wieder.

Der Klient

Der Klient als Beobachter: Nachdem der Klient die Repräsentanten im Raum positioniert hat, sucht er sich eine Sitzgelegenheit und schaut zu. Es ist für ihn wichtig, einen Platz zu haben, von dem er gut sehen kann, um den Prozess gut verfolgen zu können. Unter Umständen ist es sinnvoll, dass er sich zwischendurch umsetzt, damit er die Aufstellung von einer anderen Perspektive sieht.

Manchmal beginnen Klienten das Erlebte während des Prozesses mitzuschreiben. Es besteht die Gefahr, dass ihnen viele Details entgehen. Der Klient ist beschäftigt, das Geschehen intellektuell wahrzunehmen und die Spürebene – das Unbewusste aufnehmen – wird gestört.

Besser ist: Jemand aus der Gruppe notiert die Konstellationen und wichtige verbale Interaktionen. Dann kann sich der Klient voll auf den Prozess konzentrieren und sich die Notizen bei Bedarf ansehen. Dies kann insbesondere bei sehr komplexen beruflichen Themen sinnvoll sein, z.B. bei der Aufstellung von Umstrukturierungsprozessen oder komplexen Unternehmenskonstellationen, bei denen viele Personen beteiligt sind.

Bei sehr persönlichen Themen steht das Erleben der Aufstellung im Vordergrund. Das Wesentliche wird normalerweise vom Klienten sehr genau erinnert.

Die Reaktion des Klienten: Während der Arbeit ist es für den AL sehr wichtig, den Klienten und seine Reaktion auf die Aufstellung im Auge zu behalten. Unterschiedlichste Gefühlszustände sind möglich und spiegeln sich im Gesichtsausdruck: Verwirrung, Staunen, Trauer, Erleichterung, Unglauben, Mitgehen mit dem Prozess, Widerstand gegen den Prozess, Ablehnung, Erkennen ...

Merkt der AL zwischendurch, dass es dem Klienten schwer fällt, den Prozess nachzuvollziehen, gibt es die Möglichkeit, ihn zwischendurch an seinen Platz im System stellen zu lassen oder seinem Repräsentanten über die Schulter zu schauen. Dies empfiehlt sich besonders an emotional bedeutsamen Stellen.

Wird dies nicht gemacht, kann es sein, dass der Klient das Lösungsbild erst einmal nicht nehmen kann und, falls er reingestellt wird, der Prozess nochmals aufgerollt werden muss.

Der Klient steht während des Prozesses auf: Es kommt immer mal wieder vor, dass der Klient während der Aufstellung aufsteht und ganz fasziniert im Bild steht und den Vorgang beobachtet. Dies lenkt die Repräsentanten ab und stört das Energiefeld. Der Klient selbst nimmt sich die Chance, das Bild von außen zu betrachten. Es besteht die Gefahr der Verdopplung von Effekten. Die unauffällige Aufforderung an den Klienten, sich wieder zu setzen, ist angebracht:

- Es ist vielleicht günstiger, wenn Sie das Bild von außen betrachten.
- Am besten suchen Sie sich einen Platz, von wo aus Sie es besser sehen können.

Wie verändert sich der Bezug zu Anliegen und Lösung des Klienten während der Aufstellung? Im Vorgespräch hat der Klient einen sehr starken Bezug zu seinem Anliegen bzw. Problem. Während der Aufstellung nimmt der Problembezug kontinuierlich ab. Dafür werden Ressourcen und Wege zur Problemlösung zunehmend verstärkt wahrgenommen.

Aufstellungsablauf	Problemerleben des Klienten	Das Wahrnehmen von Ressourcen durch den Klienten
Vor der Aufstellung	*assoziiert **	*dissoziiert*
Anfangsbild	*dissoziiert***	*dissoziiert*
Zwischenbilder	*dissoziiert*	*wächst* ↓
Lösungsbild	*dissoziiert*	*Assoziation*

* direkt innerhalb des Problems
** nicht mehr direkt innerhalb des Problems

nach Varga von Kibéd & Sparrer

Das Annehmen der Lösung: Ob jemand eine Lösung annimmt, sieht man z.B. am veränderten Gesichtsausdruck. Oft ist ein Leuchten und eine besondere Klarheit im Ausdruck zu erkennen. Es herrscht plötzlich eine entspannte Atmosphäre.

Auch der Grad der geäußerten Dankbarkeit gegenüber den Repräsentanten und dem AL kann ein Indikator sein, wie weit sich für den Klienten etwas Wichtiges gezeigt und gelöst hat.

Das Nichtnehmen der Lösung: Genauso gibt es Klienten, die sich weigern, die Lösung anzunehmen. Bert Hellinger beschreibt dies folgendermaßen: »Damit wird etwas Wichtiges sichtbar. Das Problem und das Leiden ist leichter als die Lösung. Das hat damit zu tun, dass das Leiden oder Aufrechterhalten des Problems ganz tief verbunden ist mit dem Gefühl der Unschuld oder Treue, und zwar auf einer magischen Ebene. Damit wird verbunden, dass das eigene Leiden einen anderen rettet.

Wenn der Klient sieht, dass z.B. die Tante (oder die Mutter, der Vater oder ...) keine Rettung braucht, ist das für ihn eine tiefe Enttäuschung. Dann war ja alles, was er bisher gemacht hat, umsonst. So etwas anerkennt einer nicht leicht. Lieber hält er das Problem aufrecht, auch wenn er das Problem gesehen hat.«

Der AL sollte hier nicht eingreifen oder irgendetwas anderes tun. Es sollte dem Klienten überlassen werden und seiner Seele.

Der Klient beobachtet den Aufstellungsprozess von außen. Der AL beobachtet seine Reaktionen, während er die Aufstellung leitet. Er entscheidet, wann und ob es Sinn macht, den Klienten ins Bild zu nehmen.

Die Repräsentanten

Die veränderte Wahrnehmung: Manchmal werden schon direkt bei der Auswahl von den Stellvertretern Veränderungen wahrgenommen. Die ausgewählten Stellvertreter werden durch den Klienten, der ein Anliegen hat, nach seinem Empfinden an den für ihn momentan stimmigen Platz im Raum geführt.

Schon beim »Aufgestelltwerden« spüren die Repräsentanten Unterschiede in der Art des Geführtwerdens, z.B. zögerlich, unsicher, bestimmt, energisch, ruppig etc.

Die aufgestellten Repräsentanten haben die Fähigkeit, sich in die Rolle, die sie an dem Platz in einem vorher definierten System einnehmen, verblüffend authentisch hineinzuspüren. Diese Wahrnehmungen überlagern die bisher bekannten Sinnesorgane. Man kann noch nicht erklären, wie sie empfangen und ausgetauscht werden.

Innerhalb weniger Sekunden, nachdem sie aufgestellt worden sind, entwickeln sie spontane Körpergefühle. Sämtliche Sinneskanäle können aktiviert werden: *Körpergefühle* wie Schwere, Leichtigkeit, Kribbeln der Glieder, Herzklopfen, Absterben von Körperteilen, besondere Erregung von Körperteilen werden beschrieben:

- Mein Kopfweh ist plötzlich weg.
- Ich fühle mich ganz leicht.
- Mein Rücken tut weh.
- Mein linker Arm wird ganz schwer.

Temperaturunterschiede wie »mir wird ganz warm /kalt« werden wahrgenommen.

Veränderungen der *Sehfähigkeit* wie »Plötzlich sehe ich alles klar« oder »Ich sehe alles nur noch verschwommen« werden bemerkt.

Auch die Rückmeldung *»Ich fühle nichts«* ist eine Wahrnehmung aus der Rolle heraus. Die Ursache kann in einem schweren Schicksalsschlag liegen und eine benötigte Schutzfunktion haben.

Oft wählen Stellvertreter Worte und Gesten, welche die repräsentierte Person auch in Wirklichkeit zeigt. Der Klient kommentiert dann oft: »Genau das hat er gestern gesagt.« »Ja, das ist wörtlich ihre Meinung.« Man nennt diese Wahrnehmungsphänomene auch repräsentierende Wahrnehmung.

Wichtig ist: Jeder kann sich als Repräsentant zur Verfügung stellen. Spätestens nach der vierten Umstellung ändert sich das Wahrnehmungsgefühl. Auch die unbestimmte Äußerung »Es fühlt sich anders an« ist ein Hinweis auf Veränderungen.

Mitteilungen der Repräsentanten: Wichtig für den Verlauf der Aufstellung sind das Mitteilen der Gefühle, Empfindungen und Wahrnehmungen der Stellvertreter. Sie sind der Indikator für den AL für die Auswahl der »richtigen« Vorschläge von verbaler Interaktion und Stellungsarbeit.

Der AL befragt die Repräsentanten während der Prozessarbeit wiederholt nach veränderter Wahrnehmung, ob das Befinden besser, gleich oder schlechter ist.

Unterschiedliche Wahrnehmungsformen

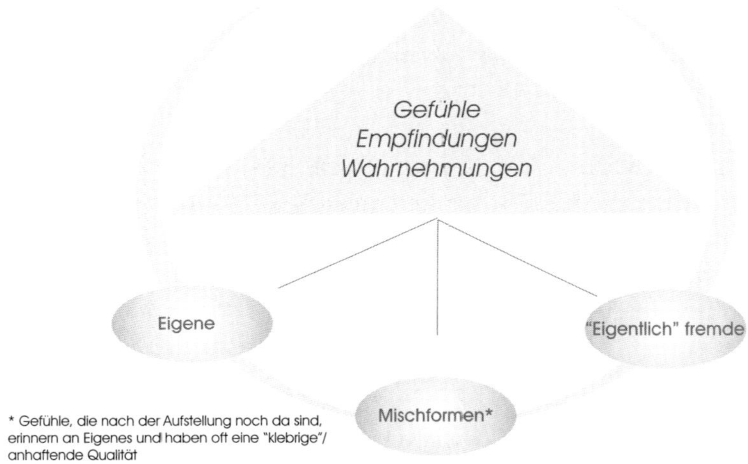

Was muss der Repräsentant wissen? Der Stellvertreter kann sich sogar in Rollen einspüren, ohne Informationen über die jeweilige Position zu haben, z.B. wenn er während des Vorgesprächs den Raum verlässt.

In der Aufstellungsarbeit eines Vorstandes waren z.B. außer einer vertrauten Mitarbeiterin keine Repräsentanten anwesend. Da sie einiges über die Beteiligten wusste, wurde sie gebeten, den Raum zu verlassen. Währenddessen definierte der Vorstand die Positionen der sechs anderen Vorstandsmitglieder, um die es ging, mit auf den Boden gelegten Blättern. Eine Methode, die in der Einzelarbeit eingesetzt wird. Sie kam herein und stellte sich nacheinander – ohne mehr über die einzelnen Positionen zu erfahren – auf die unterschiedlichen Plätze. Verblüffend authentisch konnte sie spüren – ohne dass sie nachdachte, um wen es genau ging –, wie die Kollegen zueinander und der anstehenden Arbeit standen.

Die Haltung, mit der man sich als Repräsentant zur Verfügung stellt: Sich als Repräsentant zur Verfügung zu stellen, ist eine Dienstleistung, ein Gefallen. Sozusagen ein Dienst am Nächsten. Dieser erfolgt absolut freiwillig mit der inneren Zustimmung.

Was hat das Erlebte mit dem Repräsentanten selbst zu tun? Es kann sein, dass die in Aufstellungen erlebten Gefühle an selbst Gelebtes und Gefühltes im eigenen Leben erinnern. Sie haben dann eine eher klebrige, anhaftende Qualität.

Ein Vorteil, den das Stellvertretersein bietet, ist, dass sozusagen en passant häufig Eigenes miterledigt wird. Immer wieder äußern Mitwirkende: »Am meisten habe ich bei meiner Rolle als Stellvertreter gelernt«. Zudem schärft sich die Wahrnehmungsfähigkeit ungemein. Ein Stellvertreter lernt durch das Aufgestelltwerden jedes Mal dazu.

Das Austauschen des Repräsentanten: Wenn ein Repräsentant nicht gesammelt bleibt, stört oder absichtlich etwas verhindert, sollte er ausgetauscht werden. Es kann nahtlos weitergearbeitet werden. Der Austausch wird schnell vergessen. Eine Art Amnesie diesbezüglich wird entwickelt.

Der AL kann beispielsweise zum Repräsentanten sagen: »Ich muss Sie /dich auswechseln.« »Es fühlt sich so an, als ob du mit etwas Eigenem beschäftigt bist.«

Dies ist keine einfache Intervention für den AL. Falls sie notwendig wird, sollte sie zügig und klar durchgeführt werden. Bleibt das Gesicht gewahrt, ist der Repräsentant meist gerne bereit, sich auswechseln zu lassen.

Repräsentanten haben die Fähigkeit, sich in Personen und sonstige Systemelemente an einem definierten Platz im System hineinzuspüren. Körperempfindungen, Gesten und Gedanken haben in dem Moment mit der repräsentierten Position zu tun.
Die Fähigkeit veränderter Wahrnehmung hat jeder. Jeder kann demzufolge mitmachen.
Repräsentanten können ausgetauscht werden.
Das Einnehmen von Stellvertreterrollen schärft die Wahrnehmung.

Die Zuschauer

Auch als Zuschauer einer Aufstellung lernt man sehr viel. Er wird oft sehr von dem berührt, was in der Aufstellung passiert, insbesondere, wenn dies an eigene Themen erinnert.

Ein Zuschauer steht während des Prozesses auf: Es kann vorkommen, dass auch einer der Zuschauer plötzlich fasziniert vom Ablauf der Aufstellung aufsteht, sich einen Platz sucht und gebannt ins System schaut. Solange er nur Zuschauer ist, sollte der AL ihn auffordern, sich wieder zu setzen: »Sie können kurz ins Bild rein und sich dann wieder setzen.«

Es kann auch sein, dass ein Zuschauer oder ein aufgestellter Repräsentant plötzlich merkt: Hier fehlt etwas. Ist dies stimmig, kann natürlich ein neuer Stellvertreter als »das, was hier fehlt« dazugenommen werden. Eine Zuschauerin hatte z.B. während einer Zielaufstellung ganz plötzlich das Gefühl: »Hier geht es noch um etwas anderes«. In diesem Fall erwies es sich als stimmig, sie noch dazuzunehmen, als »das, um was es sonst noch geht«. Schlagartig war mehr Kraft vorhanden. Das ursprünglich vom Klienten genannte Ziel spielte eine zweitrangige Rolle. Das, um was es ihm momentan primär ging, und er noch nicht in der Lage gewesen war zu formulieren, rückte ins Blickfeld.

Die Wahrnehmung des Aufstellungsfeldes

Der Aufstellungsleiter

Der AL nimmt zum einen die Weite des Feldes im ganzen definierten Raum wahr. Zwischendurch wechselt er die Ebene und sieht kurz aufs Detail, so wie sich ein Maler eines Landschaftsbildes manchmal mit der Landschaft beschäftigt und dann wieder den Grashalm oder die blühende Blume im Detail betrachtet.

Er nimmt das System als Ganzes *von außen* wahr. Während er sich *im Raum* bewegt, spürt er die Energieunterschiede, z.B. wenn irgendwo eine sehr dumpfe oder schwere Energiedichte ist oder wenn es sich irgendwo sehr kraftvoll und klar und stimmig anfühlt. Dabei sollte der AL aufpassen, dass er nicht zu stark von einem Gefühl absorbiert wird. Weitergehen oder sich außerhalb des Systems aufhalten bringt dann wieder die Neutralität.

Von außen kann sich der AL auch in die einzelnen Personen *hineinversetzen*. Dazu braucht es einige Übung. Man nennt dies auch Psychoprojektion im Raum (nach Milton H. Erickson).

Es gibt AL, die grundsätzlich außen sitzen bleiben, andere brauchen die Nähe zu den Repräsentanten und bewegen sich lieber im System.

Der Repräsentant

Der Repräsentant spürt die so genannten »fremden Gefühle« der Rolle, die er innehat. Des weiteren spürt er Veränderungen der Beziehungen zu anderen Aufgestellten oder auch fehlenden Elementen/Personen: »Hier fehlt etwas«.

Zu Beginn eines Aufstellungsseminars ist es sinnvoll, die »Neulinge« in Sachen Aufstellung darauf hinzuweisen, dass die auftauchenden Gefühle nicht persönlich genommen werden sollen, sondern mit der eingenommenen Stellvertreterrolle zusammenhängen. Plötzliche Sympathien und Antipathien von Stellvertretern zu anderen aufgestellten Personen sind wichtig, wahrzunehmen und zu äußern.

Der Klient

Der Klient beobachtet den Aufstellungsablauf von außen (dissoziiert).

Die Zuschauer

Die Zuschauer betrachten den Aufstellungsablauf von außen (dissoziiert).

Es gibt Wahrnehmungen, die den Sinnesorganen überlagert sind.

Einwände und Widerstände

Während eines Aufstellungsseminars können unterschiedliche Widerstandsformen auftauchen – insbesondere bei Teilnehmern, für die diese Methode noch sehr neu ist: Vielleicht werden Abläufe nicht verstanden. Oder etwas ist tatsächlich nicht optimal gelaufen. Vielleicht fehlt eine wichtige Information. Verwirrung kann z.B. eine Art Schutzhaltung sein. Aggression kann eine Art sein, sich vor einer Trauer zu schützen. Personen, die Lösungen nicht nehmen können, haben beispielsweise oft ein Problem, von den eigenen Eltern zu nehmen. Vielleicht muss zu einem späteren Zeitpunkt weitergearbeitet werden. Widerstand kann auch eine Form sein, in einer Gruppe Raum und Aufmerksamkeit einzunehmen. Oder: Alte Sichtweisen wollen nicht verabschiedet werden. Die Lösung macht noch Angst ...

Bert Hellinger beendet eine Diskussion, wenn ein Klient mit dem Abschlussbild nicht »zufrieden« ist, mit den Worten: »Das ist das Bild. Das möchte ich hier stehen lassen.«

Oft sind zu Beginn sehr skeptische Personen langfristig der Aufstellungsarbeit sehr zugetan. Für den AL ist es wichtig, Widerstände und Einwände einzuschätzen und den ihnen adäquaten Raum zu geben.

Widerstände können unterschiedliche Hintergründe haben. Wichtig ist, adäquat damit umzugehen.

Die Zeitachse in einer Aufstellung

Für Fragen, bei denen die Zeit eine Rolle spielt, macht es Sinn, die Zeitachse in die Aufstellungsarbeit zu integrieren.

Die Zeitlinie einer Aufstellung kann *im Raum festgelegt* werden oder durch Orte bestimmt werden. Z.B. kann der Klient befragt werden, wo für ihn die Vergangenheit und wo die Zukunft im Raum liegt. Meist weiß dies der Klient sofort.

Wie Sparrer und Varga v. Kibéd in ihrem Buch *Ganz im Gegenteil* schreiben, verlaufen Zeitlinien nicht unbedingt linear. Dies zeigt sich oft in Aufstellungen. Häufig ergeben sich während des Prozesses Richtungswechsel.

Exkurs: Was sagt die Wissenschaft dazu?
Mechanische, lineare Zeit: Jedem sind die mechanischen Zeitmuster der industriellen Zeit seit der Entwicklung von Uhren vertraut. Die abstrakte und numerische Zeit ist ein wichtiger Baustein der Physik. Viele Gleichungen funktionieren auf der Basis, dass Zeit ein Zahlenwert auf einer Geraden ist.

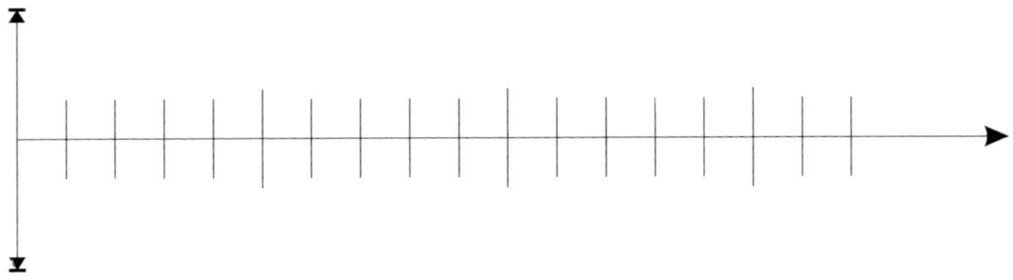

Mechanische Zeit

Die Chaostheorie: Zur Einführung eine Geschichte, die in vielen Kulturen erzählt wird: »Ein Mönch kommt aus dem Wald, in dem er Holz gesammelt hat, zurück und hält inne, um dem Gesang eines Vogels zu lauschen. Das Lied ist ausnehmend schön. Der Mönch ist hingerissen und ganz verzaubert. Er bleibt einige wenige Augenblicke stehen, bevor er seinen Weg fortsetzt. Als er sein Kloster erreicht, stellt er fest, dass er von fremden Gesichtern empfangen wird. Während er dem Vogel zuhörte, war ein Jahrhundert vergangen. Alle seine Freunde waren verstorben. Der Mönch hatte sich ganz dem Augenblick hingegeben und war damit der Ewigkeit nahe gekommen.«

Solange man glaubt, Zeit sei eine gerade Linie oder ein Pfeil, der sich von der Vergangenheit in die Zukunft bewegt, ist es schwer, für die vielen persönlichen inneren Zeiterfahrungen eine Erklärung zu finden. Oft werden sie als Täuschungen abgetan. Die Chaostheorie ersetzt die Linie durch unendlich komplexe Figuren mit fraktaler Dimension. Für sie gibt es in der Natur keine einfachen Linien. Was aus der Entfernung linear erscheint, erweist sich bei näherer Betrachtung als gekrümmt.

Die chaotischen Muster werden *Fraktale* genannt. Erkundet man die fraktalen Feinheiten der Zeit, z.B. wenn man eine Wolke am Himmel oder einen Grashalm betrachtet, wird man von Kleinsteindrücken überschwemmt, die aus bisher kaum wahrgenommenen Schattierungen bestehen.

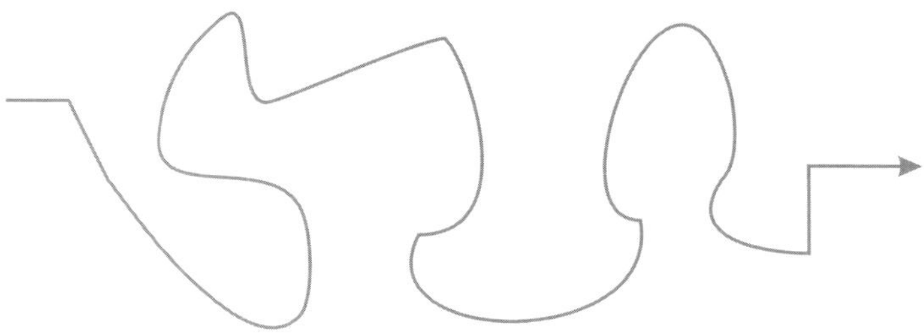

Fraktale Zeit

Neurophysiologen sind der Meinung, dass das Gehirn ein Ereignis immer ein wenig anders erinnert. Jede Erinnerung unterliege Veränderungen. Diese vollzögen sich ständig im Gehirn. Jedes Ereignis sei sowohl das Ereignis, an das man sich bereits früher erinnert hat und zugleich ein ganz neues Ereignis. Jede Erinnerung schließe sich an die Gesamtstruktur des Bewusstseins an.

Marcel Proust schreibt dazu in seiner berühmten *Betrachtung der Zeit*: »Aber wenn von einer frühen Vergangenheit nichts existiert nach dem Ableben der Personen, dem Untergang der Dinge, so werden allein, zerbrechlicher, aber lebendiger, immateriell und doch haltbar, beständig und treu Geruch und Geschmack noch lange wie irrende Seelen ihr Leben weiterführen, sich erinnern, warten, hoffen, auf den Trümmern alles Übrigen und in einem beinahe unwirklich winzigen Tröpfchen das unermessliche Gebäude der Erinnerung unfehlbar in sich tragen.«

Aufstellungen, bei denen die Zeit eine Rolle spielt: Meine Empfehlung ist: das, was sich ergibt, zuzulassen und nicht zu versuchen, es in ein zu enges Muster zu pressen. Gut ist es, sich an der Wirkung des Prozesses zu orientieren. Dadurch, dass aufgestellt worden ist und Fraktale und Krümmungen in der Zeitachse zugelassen worden sind, wird sich nach der Aufstellung noch mal etwas ganz Neues entwickeln (können).

Wie nahe kann man der Lösung kommen?

Zu jeder Problemlösung gibt es eine Zeitachse. Jeder Klient, der zum Aufstellen kommt, ist unterschiedlich weit entfernt von der Lösung seines Problems, seinem Anliegen bzw. dem Ziel der Aufstellung. Jeder kommt an einem bestimmten Punkt auf der Zeitachse zur Bearbeitung seines Anliegens. Der AL kann ihn da abholen, wo er gerade steht, und ein Stück weiterbegleiten.

Ein Problem kann einige Tage, Wochen, Monate, Jahre oder ein ganzes Leben bestehen.

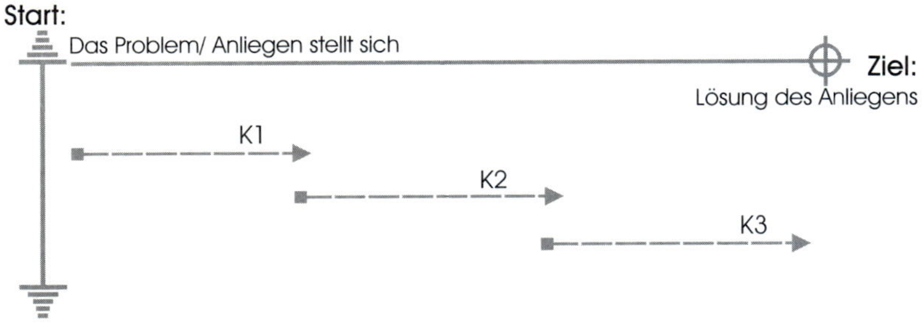

Es kann sein, dass der Klient auf dem Weg zur Problemlösung noch sehr am Anfang steht (z.B. K1). Möglich ist auch, dass er schon eine ganze Wegstrecke auf dem Weg zur Problemlösung zurückgelegt hat (K2). Oder er ist so nahe an der Lösung, dass die Aufstellungsarbeit die Auflösung des Problems bringt (K3). Ludwig Wittgenstein beschreibt dies folgendermaßen: »Die Lösung des Problems erkennt man am Verschwinden des Problems.«

Eine Seminarteilnehmerin, die aufgeregt wegen wiederholt auftretender Magenkrämpfe am Arbeitsplatz zum Aufstellen kam, wusste zwei Wochen später nichts mehr von ihrem ursprünglichen Problem.

Die Gruppenteilnehmer fragten sie: Wie geht es dir denn?

Ihre Antwort: Gut soweit!

Frage der Gruppe: Und was ist mit den Magenkrämpfen?

Ihre Antwort: Ach so die, die sind weg.

Sie hatte schon vergessen, was ihr ursprüngliches Thema war, mit dem sie in die Gruppe gekommen war. Ihr Problem war gelöst.

Jeder Klient braucht seine Zeit. Wie schnell sich bei ihm Dinge umsetzen können, kann man von außen nicht beurteilen. Manche Themen sind sehr vielschichtig und brauchen mehr Zeit, vielleicht sogar eine weitere Aufstellung. Andere Themen lösen sich schon während der Aufstellung oder unerwartet schnell im Alltag. Generell lösen sich berufliche Themen schneller auf als belastende Familienthemen.

Man kann den Klienten nur da abholen, wo er gerade steht, und so weit begleiten, wie er momentan bereit ist.

Die Gesprächsrunde

Gesprächsrunden sind ein bewährtes Mittel in Aufstellungsseminaren. Sie eignen sich *zu Beginn*, um jedem Gelegenheit zu geben, sich kurz vorzustellen und sein Anliegen zu beschreiben. Nach einer Runde, die auch relativ kurz gehalten werden kann, ist es normalerweise gut möglich, mit Aufstellungen zu starten. Ein erstes Kennenlernen untereinander hat stattgefunden.

Einige Sätze zur Auswahl:

- Woran merken Sie, wenn Sie sich nach Abschluss des Seminars an das Erlebte erinnern, dass es für Sie ein gutes und erfolgreiches Seminar war?
- Woran würden Sie am nächsten Montag und den Tagen danach merken, dass sich etwas für Sie/bei Ihnen geändert hat? Wäre es eine geheime Änderung oder würden es die andern auch merken?
- Wenn die gute Lösung am Montag etwas mehr da ist, woran würden Sie/man es merken?
- Wenn Ihnen während der Runde noch etwas einfällt, sagen Sie es bitte.
- Während die Runde weitergeht, überlegen Sie ...

Für den AL ist dies die Gelegenheit, die Erwartungen der Teilnehmer kennen zu lernen, diese gegebenenfalls hinsichtlich der Erfüllbarkeit zu korrigieren und herauszufinden, mit welchem Anliegen gestartet werden kann. Am besten mit einem dringenden, klar und kraftvoll geäußerten Thema.

Während eines mehrtägigen Seminarverlaufs ist es *zwischendurch* sinnvoll, eine Gesprächsrunde durchzuführen. Jeder bekommt Gelegenheit, sich zu seiner Befindlichkeit zu äußern, neu aufgetauchte Empfindungen, Fragen und Anliegen zu benennen.

Am Ende eines Aufstellungsseminars bietet es sich an, eine Abschlussrunde durchzuführen. Jeder kann nochmals auf seine Eindrücke zurückkommen, wichtige Fragen stellen und das, was ihm die Tage für die Zukunft gebracht haben, zum Ausdruck bringen.

Gesprächsrunden sind in Aufstellungsseminaren sinnvoll zu Beginn, während des Seminars, zwischen den einzelnen Aufstellungen und als Abschlussrunde zum Seminarende.

»Typische« Fragen

In Aufstellungsseminaren werden bestimmte Fragen von Teilnehmern immer wieder gestellt. Manche Fragen tauchen beim Erstkontakt mit der Arbeit auf, andere im Verlauf des Seminars.

Einige Beispiele:

- Was hat sich jetzt geändert? Was ist jetzt anders für dich? Was machst du jetzt mit dem Erlebten? (Diese Fragen werden oft von Gruppenteilnehmern an den Klienten gestellt.)
- Welche Rolle spielt es, wer für was ausgewählt wird?
- Wie spüre ich den »richtigen« Platz, wenn ich Stellvertreter aufstelle?
- Was ist »Eigenes«, was sind »fremde« Gefühle während der Stellvertreterrolle?
- Wie viel Information ist notwendig? Werden die Stellvertreter durch die Information, die sie mitbekommen, nicht beeinflusst?
- Stellt man den Klienten rein oder nicht?
- Wann ist der beste Zeitpunkt aufzuhören?
- Was passiert mit denjenigen Personen, denen etwas zurückgegeben worden ist?
- Wie funktioniert die Informationsübermittlung?
- Was erzähle ich in meinem Umfeld von der Aufstellung?
- Wie gehe ich nach der Aufstellung mit dem Erlebten um?
- Wie wirken Aufstellungen?
- Wie viel Zeit benötigt die Umsetzung im Alltag?
- Woher kommt das Wissen im aufgestellten Feld?
- Was darf ich als Repräsentant alles sagen?

Es gibt Fragen, die immer wieder von Teilnehmern in Aufstellungsseminaren gestellt werden. Der Aufstellungsleiter sollte darauf vorbereitet sein, diese zu beantworten.

Prozessarbeit

Im Folgenden werden die für die Entwicklung von Lösungsbildern wichtigen Herangehensweisen und Interventionen beschrieben.

Was bedeutet phänomenologisches Arbeiten?

Phänomenologisches Arbeiten bedeutet: Der AL schmiedet keinen Plan, sondern lässt sich von dem überraschen, was während der Arbeit auftaucht und was hilft. Er macht Vorschläge und entscheidet anhand der Reaktionen, wie es weitergeht. Es besteht keine Absicht in eine bestimmte Richtung.

Es geht auch nicht darum, alles zu verstehen und zu erklären, warum Dinge so sind, wie sie sind. Der AL orientiert sich an den auftauchenden Phänomenen und dem, was wirkt. Er benötigt Mut, sich dem zu stellen, was sich zeigt.

Das Wesentliche erscheint oft ohne Ankündigung, blitzartig ist es im Raum. Plötzlich wird es von einem oder mehreren wahrgenommen. Es kommt sozusagen ans Licht.

Interventionen

Es gibt unterschiedliche Interventionsarten, um ein Bild zu verändern und einen Wandlungsprozess in Gang zu bringen. Im Wesentlichen unterscheidet man Stellungsarbeit und verbale Interaktion.

Aus der Wahrnehmung der Dynamik des Aufstellungsfeldes erhält der AL Ideen für Interventionen.

Sie sollten als eine Art Vorschlag den Repräsentanten angeboten werden. Anhand ihrer Reaktion wird klar, welche Intervention stimmig ist, was stärker oder weniger stark betont werden muss – oder ob es um etwas ganz anderes geht. Der AL kann die Interventionen auch mit der Haltung »Ich probiere jetzt etwas aus« oder »Ich schlage Folgendes vor« durchführen.

Die Stellungsarbeit

Veränderte Anordnung der Systembestandteile

Indem der AL den Repräsentanten einen anderen Platz zuweist, spüren die Repräsentanten meist die ersten Veränderungen. Manchmal braucht es noch weitere Prozessarbeit (verbale Interaktion), bis ein neuer Platz von den Repräsentanten akzeptiert wird. Es kann auch sein, dass der Vorschlag unstimmig ist und ein neuer Platz gesucht werden muss. Manchmal spüren die Repräsentanten von sich aus, wo sie am besten stehen.

Man kann das System auch erleben lassen, wie es ist, wenn sich z.B. eine Situation verschärft oder sich ein Konflikt verschlimmert. Ebenso kann man die Wirkung von destruktiv wirkenden Teilchen und deren Tendenzen verdeutlichen. Dies schlägt der AL – als Test – vor, indem er beispielsweise einen Stellvertreter, der aus dem System hinausblickt, auffordert: »Gehen Sie mal raus und sehen Sie, wie es Ihnen draußen geht.«

Er fragt die verbleibenden Stellvertreter, was bzw. ob sich etwas ändert. Manchmal wird keine Änderung wahrgenommen. Manchmal wird er (stark) vermisst. Im Anschluss wird der rausgeschickte Repräsentant befragt, wie es ihm draußen ging. Dieser weiß zumeist sehr genau, ob er sich draußen besser fühlt, ob er wieder rein ins System möchte. Dieser Test macht z.B. Sinn, wenn jemand unsicher ist, ob er weiter für eine Organisation arbeiten möchte oder sie lieber verlassen will.

Ergänzen von vergessenen Teilen

Es kann sein, dass vergessene oder bisher unbeachtete Systembestandteile ergänzt werden müssen. Manchmal weisen sogar Repräsentanten darauf hin: »Hier fehlt noch was«.

Die unterschiedlichen Stellungen im Raum*

Es gibt unterschiedliche Stellungen im Raum. Eine Auswahl:

Rep = Repräsentant

Repräsentant 1 und 2 stehen im Prinzip unabhängig voneinander. Blick- und Gesprächskontakt sind möglich.

Rep = Repräsentant

Es besteht weiter ein Bezug zur Außenwelt – zugleich ein deutlicher Bezug aufeinander. Oft spiegelt dies die ideale Elternposition. Die Kinder stehen gegenüber.

Rep = Repräsentant

Der Außenweltausschluss nimmt zu. Der Bezug aufeinander ist sehr stark.

Rep = Repräsentant

Möglicher Beginn einer Konfrontation.

---

* Siehe auch Sparrer & Varga von Kibéd, *Ganz im Gegenteil.*

Rep = Repräsentant

Spiegelt oft eine Konfrontationssituation. Bei Hierarchieebenen wird eine klare Hierarchietrennung verdeutlicht (Eltern: Stehen gegenüber dem Kind, Unternehmensgründer gegenüber den Mitarbeitern).

Rep = Repräsentant

Diese Stellung beschreibt eine ambivalente Haltung der zwei Positionen zueinander. Sie ist gleichzeitig nah und kontrovers.

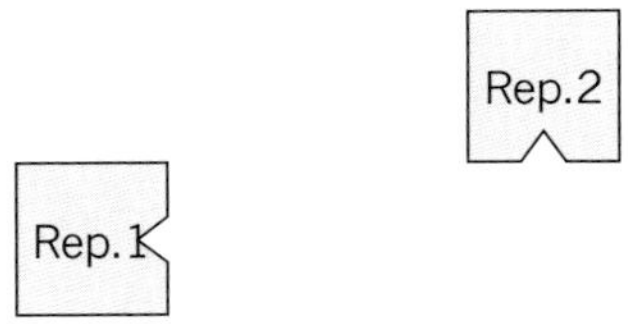

Rep = Repräsentant

Steht der Repräsentant 2 hierarchisch über Repräsentant 1, fühlt sich Repräsentant 1 meist kontrolliert und überwacht.

Beim gezielten Beobachten und Erleben vieler Aufstellungspositionen erkennt der AL weitere sich wiederholende typische Positionsbeschreibungen.

Rechts oder links? Stehen zwei Positionen nebeneinander, wird die rechte Seite als die extern regulierende erlebt, die linke als die intern regulierende, z.B.:

Bei Paaren steht der berufstätige oder der schicksalsbeladenere Teil rechts. Sind beide berufstätig, steht der mit dem höheren Einkommen (»Hauptversorger«) eher rechts.

Auch bei abstrakten Elementen zeigt sich sofort ein Unterschied in der Wirkung. Steht z.B. das Wissen links neben dem Focus*, kann er dieses (das Wissen) umsetzen und fühlt sich aktiv, steht er dagegen links von dem Wissen, fühlt er sich etwas untergeordneter und passiver.

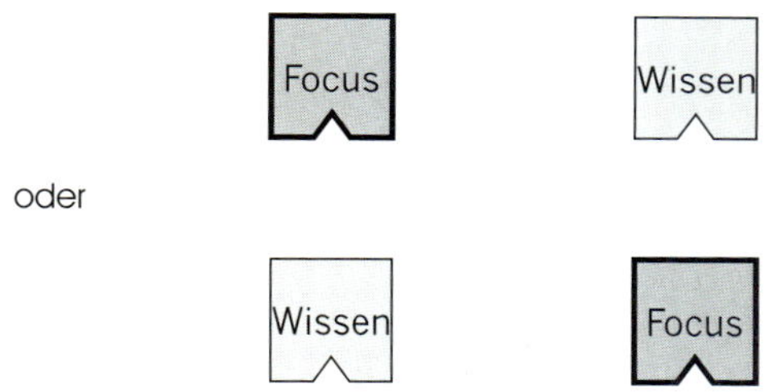

Die verbale Interaktion

Ein wichtiges Element der Prozessarbeit ist die angeleitete verbale Interaktion. Die Sätze werden vom AL vorgeschlagen und der Repräsentant überprüft sie. Der Repräsentant spürt, ob es für ihn stimmt, diesen Satz zu sagen. Manchmal ändert ihn der Repräsentant selbst eine Nuance ab, bis er den Satz klar aussprechen kann. Manchmal kommt ihm spontan ein anderer Satz. Es kommt auch vor, dass der Repräsentant sagt: »Ich kann den Satz zwar sagen, ich spüre es jedoch nicht innerlich.«

Entweder stimmt der Satz nicht oder der Repräsentant braucht noch etwas Zeit, um diesen Schritt innerlich zu vollziehen. Der AL hört und sieht zu, wie der Reprä-

* Als Focus wird zukünftig der aufgestellte Repräsentant für den Klienten, der das Anliegen einbringt, bezeichnet.

sentant den Satz sagt und merkt, ob er stimmt. Manchmal stimmt er wirklich nicht, manchmal will er jedoch nicht gesagt werden. Den Unterschied nimmt ein erfahrener AL wahr.

Der gegenüberstehende Repräsentant, zu dem der Satz gesagt wird, überprüft, wie er auf ihn wirkt. Der AL befragt ihn dazu:

- Wie wirkt der Satz auf dich?
- Stimmt es, was er sagt?

Typische Äußerungen vom Repräsentanten darüber, wie der Satz ankommt, sind:

- Der Satz kommt bei mir (nicht) an.
- Es stimmt, was er sagt.
- Ich glaube es ihm nicht.

Sätze - Einige Beispiele

Sehen - Wahrnehmen	Ich sehe dich jetzt.
Einbeziehen	Ihr seid beide wichtig für mich. Jeder zu seinem Teil. Zukünftig beziehe ich dich mit ein. Du gehörst dazu.
Erkennen	Ich habe dich jetzt erkannt. Ich habe mich geirrt. Ich habe gedacht es geht anders. Ich habe da etwas verwechselt.
Abgrenzung	Ich übernehme die Verantwortung für meinen Teil und überlasse dir deinen.
Zeit	Ich brauche noch etwas Zeit. Ich gebe dir die Zeit, die du brauchst.
Rückgabe	Über dich kam es zu mir. Jetzt gebe ich es dahin zurück, wo es hingehört.
Dank	Du hast mir einiges Wichtiges gegeben. Durch dich habe ich vieles gelernt. Jetzt kann ich weitergehen. Du hast mir viel gegeben.
Würdigung	Ich achte deinen Einsatz. Du bist auch wichtig für mich. Ich halte deinen Beitrag in Ehren. Ich achte dich. Es tut mir gut, dich zu sehen.
Gefühle - Trauer - Ärger	Ich bin traurig. Mich hat es sehr verletzt.
Platz	Zukünftig gebe ich dir den Platz, der dir zusteht. Du hast deinen Platz bei mir.
Geben	Ich gebe es dahin, wo es hingehört.
Nehmen	Du gibst, ich nehme. Ich von dir.
Rangfolge	Ich achte euch als die, die vorher da waren. Auch wenn es nicht ganz gelungen ist, ihr seid zuerst da gewesen. Ihr vor mir, ich nach euch. Das ist dein Platz.
Benennen, was ist	Ich bin wütend auf dich. Es hat mich verletzt. Ich möchte wissen, woran ich bin. Es verunsichert mich. Ich möchte weg. Ich weiß nicht, wo mein Platz ist.

Gestik und Mimik

Gestik und Mimik können die verbale Intervention unterstützen:

- Anschauen, in Blickkontakt treten, einen Blick zuwerfen
- Nicken
- Verneigen
- Einen Gegenstand beim Rückgaberitual überreichen
- Worte mit einer Handbewegung unterstützen, z.B. wenn der Chef zu seinem neuen Mitarbeiter sagt: Das ist dein Platz. Die Worte werden dabei von einer Handbewegung, die auf den neuen Platz verweist, unterstützt.

Das Rückgaberitual (mit Worten, Gestik, einem Gegenstand)

Ein wichtiges Ritual, in dem sowohl Sätze, Stellungswechsel als auch Gesten zum Einsatz kommen, ist das Rückgaberitual. Es ist angebracht, wenn jemand die Last von anderen trägt. Es kann ebenso wichtig sein, Gefühle, Schuld oder übernommene Verdienste zurückzugeben. Am besten nimmt der Klient symbolisch einen Gegenstand in die Hand (Kissen, Stein etc.) und gibt ihn mit den passenden Worten zurück. Der Gegenstand kann entweder überreicht werden oder vor die Füße gelegt werden.

Satzbeispiele für die Rückgabe:

- Ich lasse es jetzt bei dir.
- Ich gebe es dahin, wo es hingehört.
- Über dich kam es zu mir. Jetzt gebe ich es dahin zurück, wo es hingehört.
- Ich achte dein Schicksal – und lasse es jetzt bei dir. Ganz. Ich habe damit nichts zu tun.
- Es gehört zu deiner Ehre, es zu tragen (das Schicksal, die Last, die Schuld, der Ruhm).
- Ich habe es aus Liebe zu dir getragen. Jetzt ist es genug. Es gehört dir – und nicht mir – und jetzt gebe ich es dir zurück.

Manchmal muss etwas in der Generationslinie – an Eltern, Großeltern, Urgroßeltern – noch weiter zurückgegeben werden:

- Ich gebe es dir zurück, damit es dahin kommt, wo es hingehört.

Manchmal ist es angebracht, ein *doppeltes Päckchen* in die Hand zu nehmen und das Rückgaberitual mit den Worten:

- Das ist dein Teil. Den gebe ich dir zurück. Das, was zu mir gehört, darum kümmere ich mich selbst.

Es empfiehlt sich als AL, dem Repräsentanten die Sätze vorzugeben. Dieser überprüft sie auf ihre Stimmigkeit. Wichtig ist auch, dass der Klient das Rückgaberitual in einer angemessenen Haltung durchführt und nicht z.B. jemandem etwas erbost vor die Füße wirft.

An der *Reaktion des Empfängers* erkennt man sehr deutlich, ob er bereit ist, das Zurückgegebene zu nehmen. Manche Empfänger nehmen es zurück und finden sofort zu ihrer Kraft, manche wollen es am liebsten nicht nehmen, manche geben es gleich weiter – oder behalten nur einen Teil.

Oft unterstützt es den Prozess, wenn der Empfänger zum Zurückgebenden etwas sagt, z.B.:

- Es gehört (zu) mir.
- Es ist meins.
- Es gehört zu meiner Ehre, es zu tragen.
- Es ist mein Schicksal.

Energiearbeit

Wichtiger Bestandteil der Prozessarbeit ist das Stärken von Verbindungen zwischen Positionen:

- Berührung (z.B. Umarmung)
- Augenkontakt
- Gefühle zulassen: Trauer (Tränen), Freude, Erleichterung, Rührung

Wichtig ist es, Gefühle zuzulassen. Insbesondere Tränen haben die Funktion, neue Entwicklungen zu verinnerlichen. Sie können aus unterschiedlichen Gründen ausgelöst werden: Es gibt Tränen der Freude und Erleichterung, der Verzweiflung, der Rührung, des zugelassenen Schmerzes. Manchmal treten sie auch aus einer kindlichen Haltung (z.B. aus Trotz) auf. Der AL erkennt die Qualität der Tränen und geht entsprechend damit um.

Prozesstechniken

Etwas »dahinter« auftauchen lassen

Bei verschiedenen Aufstellungsformen, insbesondere beim abstrakten Arbeiten, gibt es oft die Situation, dass eine Position etwas verstellt und zwar das, »um was es auch noch geht« oder »um was es insbesondere geht«.

Das Austesten, ob dies der Fall ist, kann wie folgt geschehen:

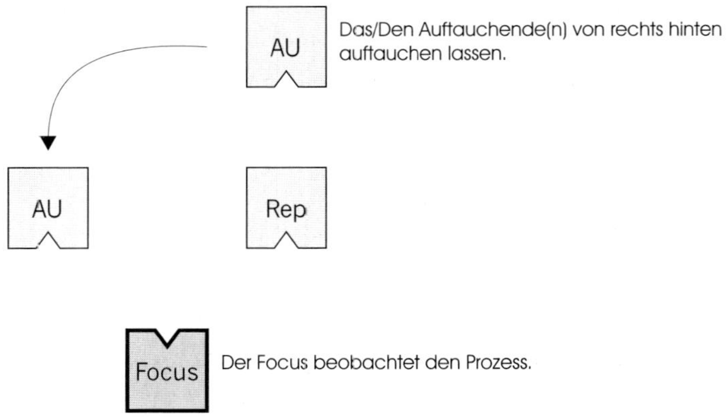

Repräsentant und/oder AL bemerken normalerweise sofort, ob das auftauchende Element für das aufgestellte System wichtig ist oder nicht.

Taucht etwas Bedeutendes auf, wird dies im System sofort wahrgenommen. Oft entspannt sich der Repräsentant, der zuerst alleine dastand schlagartig und der Focus wendet die Aufmerksamkeit dem Auftauchenden zu. Reagiert das System stark auf das neue Element, ist weitere Prozessarbeit notwendig.

Falls keine Veränderungen wahrgenommen werden, kann der AL den auftauchenden Probanden, der neu mit ins System kam, z.B. mit den Worten entlassen: »Dies war nur ein Test. Bitte setzen Sie sich wieder.«

Im Rahmen von Strukturaufstellungen wird diese Interventionsform insbesondere bei der Tetralemmaaufstellung und der Glaubenspolaritätenaufstellung (siehe Kapitel über Strukturaufstellungsformen) benutzt.

Etwas »dahinter« auftauchen lassen ist eine wichtige Interventionsform, insbesondere beim abstrakten Arbeiten. Neue Prozesse werden in Gang gesetzt.

Zu welcher »Altersphase« gehört das Gefühl des Klienten?

Zeigt der Klient oder der Repräsentant in einer Rolle für einen Erwachsenen eher untypische Gefühle oder Gesten, z.B. Trotz, kindliche unspezifische Trauer oder einen kindlich empfindsamen Gesichtsausdruck, ist der Verdacht nahe liegend, dass er gerade Gefühle zeigt, die aus einer frühkindlichen Phase stammen.

Der AL kann differenzieren: Wie würde ein Erwachsener in der Situation reagieren, wie ein Kind in jüngeren Jahren. Bösesein in einer Situation ist z.B. ein eher kindliches Gefühl, wogegen Vorwurf ein eher erwachsenes Gefühl ist.

Fragt man die Person nach einer Zahl (am besten ohne den Hintergrund zu erklären), wird oft spontan die Zahl genannt, die der Altersphase entspricht. Lautet die Antwort sechs, ist dies ein Hinweis darauf, dass das Gefühl vermutlich besonders im Alter von sechs Jahren aufgetreten ist.

Rückschlüsse auf die Zeit, durch die ein bestimmtes Verhalten geprägt wurde, sind dadurch möglich. Bei einem 40-jährigen Klienten entwickelte sich bei dessen Repräsentant in der Aufstellung das Gefühl, »mit dem Kopf durch die Wand« zu wollen. Es stellte sich heraus, dass es einen Bezug zu einem Ereignis gab im Alter von sieben Jahren. Bisher lebte der »Erwachsene« sehr stark dieses eher kindliche Gefühl – auch in der Geschäftswelt. Konflikte waren vorprogrammiert.

Das mögliche Auftreten von kindlichen Gefühlen in Aufstellungsprozessen, auch bei beruflichen Themen, ist mit ein Grund, weswegen Aufstellungsarbeit nicht unter Anwesenheit verschiedener Hierarchieebenen einer Firma stattfinden sollte.

Repräsentanten können in ihren Rollen unterschiedliche Altersphasen durchlaufen. Wichtig ist, dass der AL die gezeigten Gefühle/Äußerungen bei Personen einer Altersphase zuordnen kann, um geeignete Interventionen einzuleiten.

Systemebenenwechsel

Was versteht man unter einem Systemebenenwechsel?

Im beruflichen Kontext wird der AL mit mehreren Systemebenen konfrontiert. Zum einen wirken die unterschiedlichen Arbeitssysteme. Je größer eine Firma oder ein Konzern ist, desto mehr Verflechtungen gibt es. Zum anderen wirken sowohl die Ursprungs- als auch die Gegenwartssysteme eines jeden Mitarbeiters.

Während einer Aufstellung kann es manchmal angebracht sein, die Systemebenen zu wechseln. Nimmt ein leitender Angestellter seine Führungsrolle nicht ein, kann dies beispielsweise mit seiner Vaterbeziehung zusammenhängen. Der Wechsel vom Organisationssystem ins Ursprungssystem steht an. Oder: Ein Mitarbeiter kann momentan seinen Arbeitsaufgaben nicht gerecht werden. Es stellt sich heraus, dass sein Sohn gerade enorme Probleme hat. Für diese Person ist es wichtig, das Gegenwartssystem mit einzubeziehen.

Systemebenenwechsel während Aufstellungen sind nicht auszuschließen.

»Verdecktes« Arbeiten

Bei *verdeckten* Aufstellungsarbeiten wird die Bedeutung der aufgestellten Thematik nicht erläutert. Es können sowohl Personen wie auch abstrakte Elemente aufgestellt werden. Die Hintergründe sind entweder nur dem Klienten oder auch dem AL bekannt. Die Repräsentanten erfahren erstmals keine Zusammenhänge und wissen z.B. nur, dass sie einen Mann, eine Frau, ein Ziel etc. repräsentieren.

Abstraktes Aufstellen und Strukturaufstellungsformen bieten eine gute Möglichkeit, Themen verdeckt anzuschauen und zu bearbeiten.

Was bietet verdecktes Arbeiten?

Dadurch, dass Themen aufgestellt werden, die im Detail nur dem Klienten und/oder dem AL bekannt sind, ist ein größtmöglicher Schutz für den Klienten möglich. Dies ist bei beruflichen Themen oft sehr wichtig. Stehen beispielsweise im Firmenkontext Kollegen als Stellvertreter zur Verfügung, kann der Klient dem AL vorab sein Thema schildern. Die Stellvertreter können für Positionen ausgewählt werden, ohne dass sie den genaueren Hintergrund der Fragestellung kennen. Trotzdem können sich die Repräsentanten einspüren.

»Dürfen« familiäre Themen nicht angesprochen werden, kann z.B. einer Führungskraft – anstatt der stärkenden männlichen Linie oder dem Vater – eine als Kraftquelle bezeichnete Ressource in den Rücken gestellt werden. Sollte eine verbale Interaktion notwendig sein, müssen mit viel Fingerspitzengefühl geeignete Sätze gefunden werden (z.B.: Du vor mir, ich nach dir, ich von dir).

Bei Drehbuchaufstellungen stellt man oft auf, ohne die Geschichte zu erläutern. Die Repräsentanten wissen von sich nur Alter und Geschlecht. Mehr nicht. Die Autoren entscheiden selbst, wie viel sie preisgeben.

In der Wirtschaft kann man Produkte und deren Wirkung auf Kunden aufstellen, ohne sie genauer zu beschreiben. So kann trotz Wettbewerbsängsten aufgestellt werden.

Auf was ist besonders zu achten?

Wichtig ist, sowohl für die Repräsentanten als auch den AL, über alle Sinneskanäle wahrzunehmen. Es können Situationen eintreten, in denen die Mitteilung von Fakten für den weiteren Prozess notwendig ist.

Die Wirkung von Interventionen auf die Repräsentanten sollte sehr sorgfältig berücksichtigt werden.

Voraussetzungen des Aufstellungsleiters

Der AL benötigt viel Erfahrung. Voraussetzung für die Durchführung von »verdecktem« Arbeiten ist das Beherrschen des konkreten Aufstellens mit Personen, wie es bei Familienaufstellungen und klassischen Organisationsaufstellungen üblich ist.

Die Wandlungsprinzipien und der Umgang mit abstrakten Elementen* müssen besonders gut beherrscht werden. Notwendige Systemebenenwechsel sollten erkannt werden.

Wie wirksam ist verdecktes Arbeiten?

Es gibt unterschiedliche Kliententypen. Manchen liegen eher die konkrete und direkte Aufstellungstechnik und das entsprechende Wissen.

Von vielen Klienten wird jedoch das »verdeckte« Arbeiten sehr geschätzt. Es bietet viel Schutz und wird als sehr wirksam und effektiv beschrieben. Es ermöglicht manchen Personen, schneller Vertrauen in eine Aufstellungsarbeit zu finden.

Verdecktes Arbeiten hilft Widerstände zu umgehen. Therapeuten oder Trainer beispielsweise schildern und analysieren ein Problem (oft) gleichzeitig. Durch verdeckte Aufstellungsmethoden rückt die Spürebene in den Vordergrund und die bewusste Analyseebene kann ausgeschaltet werden. Neue Lösungen werden sichtbar.

Verdeckte Aufstellungen bieten viel Schutz für Klienten. Dies wird insbesondere in der Wirtschaft gewünscht.
Sie eignen sich, um Themen auf mehreren Ebenen zu bearbeiten. Ohne etwas immer zu direkt thematisieren zu müssen, werden Lösungen gefunden.
Die Spürebene wird besonders wichtig für Klienten, AL und Repräsentanten.

---

* siehe Glossar

Der Einsatz der kataleptischen Hand

Ursprung und Einsatzgebiet

Die kataleptische Hand hat ihren Ursprung in der Hypnotherapie nach Erickson. Ihr Einsatz ist sehr hilfreich, sowohl in der Einzelarbeit als auch in der Gruppenarbeit, falls Repräsentanten fehlen, oder zum schnellen Austesten der Wirkung von neuen Systemelementen auf die aufgestellten Repräsentanten. Varga von Kibéd & Sparrer haben begonnen, sie in der Aufstellungsarbeit einzuführen.

Wie wird die kataleptische Hand erzeugt?

Die kataleptische Hand wird durch spezifisches Abwinkeln und leichtes Drehen der linken oder rechten Hand vom AL erzeugt und kann unabhängig vom restlichen Körper als Repräsentant für ein Systemelement dienen. Der AL sollte darauf achten, dass seine Hand wirklich abgewinkelt und losgelöst bleibt, damit er nicht komplett als Person in das dargestellte Energiefeld gerät. Die neutrale Wahrnehmung wird sonst schlagartig eingeschränkt. Mit einiger Übung gelingt dies immer schneller. Sehr erfahrenen Personen gelingt es sogar, mit zwei kataleptischen Händen zu arbeiten und dadurch zwei Positionen zu symbolisieren.

Eine Übung zum Erlernen

Die Arbeit mit der kataleptischen Hand ist gut zu zweit zu üben. Am besten stellen sich zwei Personen (AL und Repräsentant) abwechselnd im Raum gegenüber auf. Der eine stellt den Repräsentanten dar und schaut zum AL. Dieser symbolisiert mit

einer Hand ein Element oder eine Person. Am besten richtet der Repräsentant den Blick auf die Mitte der Handinnenfläche. Schnell merkt der AL die unterschiedliche Energie in der kataleptischen Hand im Vergleich zum restlichen Körper. Sobald er die Hand nicht mehr abwinkelt, sondern gerade ausstreckt, kann er die unterschiedlichen Kraftfelder nicht mehr spüren und bleibt entweder im eigenen Energiefeld oder rutscht in das der repräsentierten Rolle.

Die kataleptische Hand dient als Platzhalter zum Austesten der Reaktion der aufgestellten Repräsentanten auf neue Systemmitglieder/-elemente.
In der Einzelarbeit, in der der Klient selbst in den einzelnen Positionen steht, unterstützt die kataleptische Hand das Wahrnehmen gegenüberliegender Positionen.

Fehlende Positionen

Es kann sein, dass sich während der ersten Befragungsrunde oder später ergibt, dass eine wichtige Person oder ein Element fehlt. Entweder lässt der AL den Klienten jemanden aussuchen oder er nimmt sich schnell jemanden aus der Gruppe und stellt ihn für das fehlende Element ins aufgestellte System.

Manchmal benötigt man eine Person, um etwas auszutesten. Z.B.: die Position, auf die der Focus schaut. Zeigt sich keine Reaktion der Systemmitglieder auf die dazugestellte Position, kann sich die Person wieder setzen. Schneller geht dies mit der kataleptischen Hand.

Benötigt die neu aufgestellte Person etwas mehr Zeit, um sich einzufühlen, kann man zu ihr sagen:

- Lass dir etwas Zeit, dich hineinzuspüren

und befrägt erst die anderen zur Reaktion auf die neu hinzugekommene Position:

- Macht es für jemanden einen Unterschied, ob die Person da ist?

Während der Aufstellung kann erkannt werden, dass wichtige Personen oder Elemente fehlen. Diese werden zum aufgestellten System dazugestellt.

Wie lange sollte eine Aufstellung dauern?

Kurze und lange Aufstellungen

Aufstellungen können eine sehr unterschiedliche Zeitdauer benötigen. Es kann sein, dass eine Aufstellung, die nur einen sehr kurzen Blick auf etwas wirft, für den Klienten sehr viel in Bewegung bringt. Manchmal müssen umfangreiche Prozesse vollzogen werden, um etwas in Gang zu bringen. Dabei bleibt es beim AL zu entscheiden, wie viel im Moment für den Klienten angebracht und gut ist. Manchmal ist ein Teilschritt erst mal das Richtige.

Es empfiehlt sich, solange zu arbeiten, bis darauf vertraut werden kann, dass etwas Neues und Gutes für den Klienten auf den Weg gebracht worden ist.

Der AL kann sich z.B. die Fragen stellen:

- Hat der Prozess begonnen?
- Ahnt der Klient etwas von dem, was danach kommt?

Die Wirksamkeit von Aufstellungen ist unabhängig von ihrer Zeitdauer. Sie hängt davon ab, wie tief sie von der Seele vollzogen wird.

Was wäre zu viel?

Es gibt Klienten, die am liebsten ganz viele Themen auf einmal aufarbeiten wollen. Ist das eine gelöst, taucht schon das nächste Problem auf, für das sich der Klient Aufmerksamkeit wünscht. Da eine Aufstellung eine individuell sehr unterschiedliche Wirkzeit benötigt, ist es wichtig, jedem Thema seinen Raum zu geben. Wenn zu viele Themen in einer Aufstellung aufgearbeitet werden, besteht die Gefahr, dass vieles überdeckt wird und die Wirkung sich nicht voll entfalten kann. Hier ist es oft angebracht, die Arbeit an den weiteren Themen zu einem späteren Zeitpunkt fortzusetzen. Es gilt: Weniger ist oft mehr.

Wann breche ich die Aufstellung ab?

Aufstellungen abzubrechen macht in unterschiedlichen Situationen Sinn:

- wenn das Bild geplant aufgestellt worden ist
- sich keine Kraft zeigt
- wichtige Informationen fehlen
- der Auftrag fehlt weiterzumachen bzw. auftauchende Themen zu bearbeiten
- der Klient nicht mehr weiter will oder
- wenn er nur passiv an allem teilnimmt (beim Aufstellen, Zuschauen, beim »Reinstehen«).

Fazit: Der AL entscheidet, wann es Sinn macht, eine Aufstellung abzubrechen.

Eine Aufstellung kann

- unterbrochen werden, um später fortgesetzt zu werden (weil z.B. Information fehlt, es zu komplex wäre, alles auf einmal zu bearbeiten)
- abgebrochen werden (als Intervention) oder
- beendet werden, da ein Ziel erreicht wurde.

> Ein Abbruch an der richtigen Stelle im Aufstellungsprozess kann genauso seine Wirkung entfalten, wie eine Aufstellung, bei der sich alles schon im Lösungsbild gelöst hat.

Die Wirkung systemischer Aufstellungsarbeit

Wie wirken systemische Aufstellungen?

In dem Augenblick, in dem man sich entscheidet, greift auch die Vorsehung ein. Dann geschehen alle möglichen Dinge zu unseren Gunsten, die sonst nie passiert wären. Eine ganze Kette von Ereignissen setzt sich in Gang: unerwartete Zwischenfälle, zufällige Begegnungen und Hilfsmittel, die wir uns nie hätten träumen lassen.

W. H. Murray

Die Erinnerung

Die Erinnerung an die durchlebten Prozesse während der Aufstellung und das Lösungsbild ermöglichen etwas Neues. Der Klient bekommt ein neues Bild mit erweitertem Handlungsspielraum. Die erinnerten Prozesse und das Lösungsbild stellen eine erstaunliche Kraftquelle dar, das Neue anzugehen.

Der Umgang mit den neuen Informationen

Es empfiehlt sich, das Erlebte während einer Aufstellung später mit guter Haltung wirken zu lassen und nicht zu zerreden. Eine Beraterin und Teilnehmerin von Aufstellungen drückte ihre Erfahrung damit folgendermaßen aus: »Durch Reden über die Aufstellung wird mehr zerredet als gut gemacht.«

Auftauchende Aspekte während der Aufstellung sollten nicht als konkrete Handlungsanweisung für den nächsten Tag verstanden werden, sondern mit gebührendem Abstand in ihrer Wirkung mit in die Handlungen einbezogen werden. Das heißt: Äußert z.B. der Repräsentant eines Mitarbeiters im Rahmen einer Aufstellung für einen Geschäftsführer Kündigungsgedanken, sollte diese Information vom Chef nicht ungeprüft am nächsten Tag in der Firma verwendet werden.

Es ist sinnvoll, das in der Aufstellung Erlebte wirken zu lassen und gar nicht mehr groß darüber nachzudenken. Der Prozess wirkt unbewusst weiter. Zu einem wesentlich späteren Zeitpunkt erkennt man dann oft ganz klar, dass etwas geschehen ist und zum Teil auch, was sich geändert hat.

Was passiert danach?

Oft passieren kurz nach einer Aufstellung erstaunliche Dinge: Ein neuer Job tut sich auf, eine Möglichkeit, die sich zwar in der Aufstellung schon offenbart hat, aber vom Klienten noch als sehr unwahrscheinlich angesehen worden ist.

Eine angestellte Mutter berichtet: »Meine Tochter hatte schlimme Albträume. Mich beunruhigte dies und ich dachte, es hätte mit meiner neuen Arbeit zu tun. Ich machte eine Aufstellung. Ich erkannte, dass die Träume mit einem Erlebnis von mir zusammenhingen. Nach der Aufstellung traten bei meiner Tochter keine Albträume mehr auf.«

Oder: Eine Klientin hat Angst, ihrer Schwester zu sagen, dass sie den von ihr bewohnten Wohnraum jetzt für Arbeitszwecke benötigt. Nach der Aufstellung ergibt sich Folgendes: Die Schwester zieht von sich aus weg, und der neue Platz für den Büroraum ist da. Die Klientin muss ihren Wunsch, den sie sich nicht getraut hat ihr gegenüber zu äußern, gar nicht mehr aussprechen. Die Verbalisierung ihres Anliegens und die durchgeführte Aufstellungsarbeit haben eine Veränderung in Gang gesetzt. Sie wirkt auf das beteiligte System, die Familie oder das Arbeitssystem – auch wenn diese Systeme nichts von der Aufstellung wissen.

Welche Sinne spielen eine Rolle?

Das systemische Aufstellen hat in einigen Punkten Ähnlichkeiten mit Visualisierungsarbeit. Hierbei versucht man sich etwas, was man sich wünscht, in allen Details vorzustellen und formuliert es so, als ob es schon eingetroffen wäre. Beim Aufstellen wird zwar der Wunsch/ das Anliegen auch verbal formuliert, aber der »gute« Zustand, die Lösung mithilfe von Stellvertretern erarbeitet. Die Prozesse, die Klarheit schaffen, werden durch die Betrachtung von außen transparent.

Zusätzlich gibt es die Möglichkeit, den »guten« Zustand zu erspüren, indem der Klient sich am Schluss an den Platz des Stellvertreters stellt. Die körperliche Befindlichkeit und der Bezug zu den anderen Systemmitgliedern prägen sich ein. Die Eindrücke werden auf unterschiedlichsten Ebenen durch Sehen, Hören und Spüren erfasst und sind nicht nur auf die intellektuelle Ebene beschränkt. Das Unbewusste nimmt das auf, was wichtig ist.

Die Aufstellung im Traum

Manche Aufstellungsteilnehmer berichten, dass sie Themen nachts im Traum aufstellen oder gerade aufgestellte Themen in den Träumen weiter bearbeiten. Dies passiert besonders in den Nächten während oder direkt nach Aufstellungsseminaren.

Ein Beispiel für »erfolgreiche« Aufstellungsarbeit

Erfolg bedeutet im Allgemeinen, ein Problem, ein Ziel gelöst und erreicht zu haben. Jeder Mensch kennt Situationen sowohl im privaten wie auch beruflichen Bereich, die einen Veränderungswunsch hervorrufen. Wird nichts getan oder geändert an der Situation, wächst der Leidensdruck. In meinen Aufstellungsgruppen sowie im Einzelcoaching begegnen mir oft Menschen in unterschiedlichsten Phasen solcher Prozesse. Immer wieder wird berichtet, wie eine Aufstellung, egal zu welchem Zeitpunkt, die Entwicklung beschleunigt und Umsetzungen von Lösungen einleitet.

Ein Beispiel für die erfolgreiche Lösung eines Problems war die Aufstellung einer Klientin, die von plötzlich auftretenden Weinkrämpfen bei der Arbeit berichtete. Sie wollte sie gerne loswerden. Die Aufstellung zeigte, dass das Angebot, Abteilungsleiterin zu werden, ein sehr schlechtes Gewissen gegenüber einer Kollegin, die gleichzeitig eine Freundin war, hervorrief. Die Repräsentantin der Kollegin empfand die Perspektive, die Freundin als zukünftige Chefin zu akzeptieren, überhaupt nicht störend oder bedrohlich. Umstellungsprozesse und verbale Interaktion lösten das Problem und es fand sich ein guter Platz für die Klientin.

Zwei Wochen nach der Aufstellung wurde die Klientin von anderen Gruppenteilnehmern gefragt, wie es ihr ginge. Die Antwort war: »Es ist nichts besonderes passiert.« Auf Nachfragen der Teilnehmer, was mit den Weinkrämpfen wäre, antwortete sie: »Ach so, ja die sind weg.« Ein schönes Beispiel für die hier sehr passende Weisheit: »Die Lösung eines Problems erkennt man am Verschwinden des Problems.«

Die Wirkung von Aufstellungsarbeit

Aufstellungen wirken über die Erinnerung an die erlebten Lösungsbilder. Das, was in Aufstellungen als Lösungsbild erlebt wird, sollte jedoch nicht als konkrete Handlungsanweisung gebraucht werden, sondern als inneres Bild, dessen Wirkung man sich entfalten lässt und aus dem sich Klarheit ergibt.

Der Prozess des Systems wird mit Abstand von außen wahrgenommen. Der Klient kann gegen Ende der Aufstellungsarbeit den Platz des Stellvertreters einnehmen und somit eine neue Befindlichkeit und einen neuen Systembezug kennen lernen und erspüren. Eine neue Ordnung wird möglich.

Die Vielfalt der Wirkweisen bringen folgende zwei in meinen Fortbildungsseminaren erarbeitete Darstellungen der Teilnehmer sehr schön zum Ausdruck:

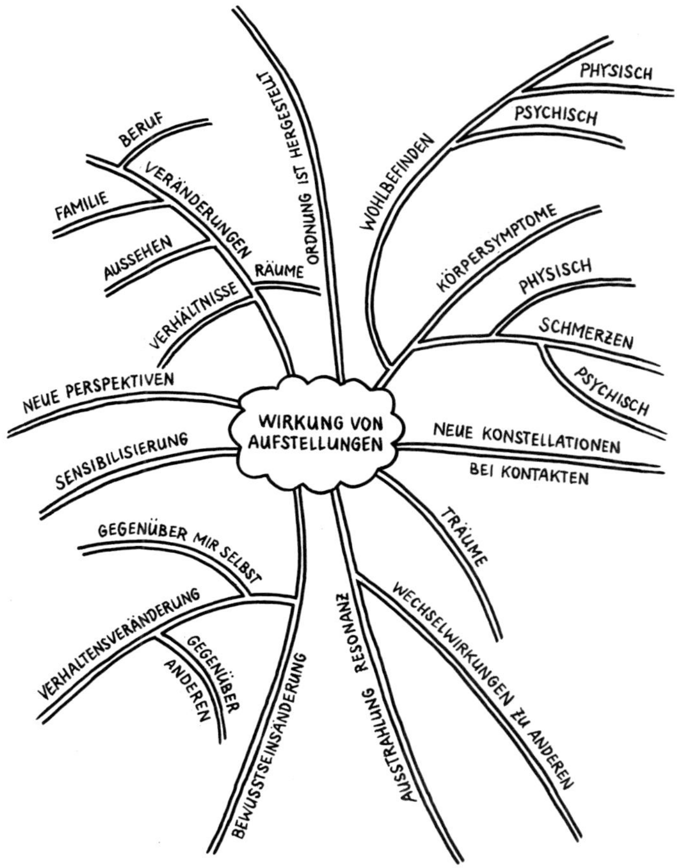

Wie funktioniert die Informationsübermittlung an Repräsentanten?

Wie die Informationen von Klient zu Repräsentant durch das Aufstellen übermittelt werden und wie sie im Anschluss auf das nicht anwesende Gesamtsystem wirken, kann man wissenschaftlich noch nicht erklären. Man vermutet, dass es Wahrnehmungen gibt, die den bekannten Sinnesorganen überlagert sind. Beim Aufstellen arbeitet man bisher mit dem Wissen, dass diese Informationsübertragung funktioniert, ohne zu wissen wie.

Rupert Sheldrake, Wissenschaftler und Biochemiker, beschäftigt sich mit derartigen Phänomenen. Er erforscht die so genannten *morphogenetischen Felder* und untersucht, warum ein Hund beispielsweise weiß, dass sein Herrchen gleich kommt – oder wieso die Katze miaut, wenn das Telefon klingelt und ihr Frauchen dran ist. (Weiteres hierzu ist im Kapitel »Wissenschaftliche Hintergründe« nachzulesen.)

Verstärkt erforscht wird momentan das so genannte *Zweite Gehirn*. Es soll sich in der Bauchregion befinden (siehe *Geo* 11/2000). Das »Bauchhirn« soll autonom arbeiten und sehr viele Signale zum Kopfhirn senden, und zwar mehr, als es von dort empfängt. Es soll fühlen, denken und sich erinnern können – und den Menschen intuitiv »aus dem Bauch heraus« entscheiden lassen. Viele Forscher aus unterschiedlichen Disziplinen beschäftigen sich mit der Frage, ob sich im Bauch tatsächlich der Sitz des Unbewussten befindet und wie es mit dem Bewusstsein interagiert. Neue Erkenntnisse werden vielleicht in Zukunft die immer wieder erlebten Phänomene beim Aufstellen detaillierter beschreiben und erklären können.

Wie schnell setzen sich Lösungen um?

Der Zeitrahmen, in dem sich Lösungen nach einer Aufstellung umsetzen, ist bei Klienten – oft auch abhängig von der Fragestellung – sehr unterschiedlich. Insbesondere bei praxisorientierten Fragestellungen, beispielsweise bei einer beruflichen Frage: »Bleibe oder kündige ich?«, kann sich eine Lösung sehr schnell präsentieren.

Ein Klient berichtete mir nach zwei Wochen: »Nachdem ich mich monatelang im Kreis gedreht habe, konnte ich meine Entscheidung für meine berufliche Zukunft nach der Aufstellung sofort treffen. Ich habe gekündigt und mache mich selbstständig«. Oder ein anderer Klient gab folgende Rückmeldung: »Die Mitarbeiter sind ganz anders mit mir umgegangen.«

Sehr wirkungsvoll setzte sich eine Aufstellung bei einer Klientin und Immobilienmaklerin um, die sich vor der Aufstellung nicht erklären konnte, warum sich ein von ihr sehr geschätztes Objekt, ein mit viel Liebe und Einfallsreichtum gebautes Einfamilienhaus, nicht verkaufen ließ. In der Aufstellung zeigte sich, dass sie selbst an einem sehr ungünstigen Platz stand. Mitten im Gewirr der Scheidungsfamilie, in der insbesondere die Kinder sich von dem Haus nicht trennen wollten, standen sie und das Haus. Sie war während des Verkaufsprozesses zu sehr Vertraute für die momentanen Probleme der Ehefrau geworden und hatte nicht mehr den gebührenden Abstand zu den Familienproblemen.

Im Verlauf der Aufstellung fand sich ein guter Platz für die Maklerin. Der Repräsentant für das Haus hatte kein Problem mit einem Verkauf, wünschte sich nur, so zu bleiben. Die Maklerin hatte viel Erfahrung mit der Wirkung von Aufstellungen. Sie beschloss, vorerst keine neuen Aktivitäten zu entfalten und das Lösungsbild wirken zu lassen, ohne darüber zu sprechen. Vier Wochen später rief sie mich an und berichtete: »Das Haus ist verkauft.« Plötzlich waren zwei potenzielle Käufer da und der, der das Haus nicht verändern wollte, bekam es.

Der Weg bis hin zur kompletten Umsetzung der Lösung einer Fragestellung kann jedoch auch einen mehrwöchigen bis mehrmonatigen oder jahrelangen Prozess erfordern.

Lösungen werden sofort, manchmal nach Wochen, Monaten oder Jahren umgesetzt.

Klienten berichten über die Wirkung ihrer Aufstellung

Der heilige Berg

Ein Schweizer Berater stellte kurz vor Antritt einer Reise auf. Eine Gruppe plante die Umrundung des heiligen Berges Kailash. Er war sich unsicher über die Gruppenzusammensetzung, insbesondere seinen Platz in der Gruppe, und sorgte sich um die Gruppendynamik.

Aufgestellt wurden die Teilnehmer und das gemeinsame Ziel, die Umrundung des Kailash. Es zeigten sich sehr unterschiedliche Motive der Teilnehmer. Für einen Teilnehmer wurde sein persönliches Ziel dazugestellt. Es schien mit dem Thema Tod zusammenzuhängen. Für den Repräsentanten des Klienten war das Thema stimmig und kraftvoll.

»Ich habe mein Kailash/ Tibet-Abenteuer gut überstanden. Das Stellen hat mir entscheidende Impulse geliefert, wo in der Gruppe mein Platz ist. Wir sind alle gesund zurückgekehrt. Ein dramatischer Vorgang ist ›gut‹ ausgegangen. In dem Augenblick wusste ich, dass dies der Moment von Tod und Leben war, der damals in der Aufstellung für ›Unruhe‹ sorgte. Persönlich und gleichzeitig als systemischer Organisationsentwickler wurde mir klar, wie mächtig das ›Stellen‹ sein kann und wie wichtig es ist, achtungsvoll damit umzugehen. Es ist eben so, wie Bert Hellinger in einer Fortbildung sagte: ›... es geht oft um Leben und Tod‹.«

Wie geht es beruflich für mich weiter?

Eine beruflich engagierte Frau und Mutter von drei Kindern berichtet von der Wirkung ihrer ersten Aufstellung:

»Die Aufstellung hat auf mich eine besonders intensive Wirkung – auch wenn ich selbst erst einmal ›aufgestellt‹ habe. Aufstellungen anderer Teilnehmer haben auf mich auch sehr intensiv gewirkt. Ich habe gelernt, auf mein Innerstes zu hören – aus dem Bauch heraus zu fühlen, was meins ist. Ich habe nun endlich den Mut gefunden und bin dabei, mich selbstständig zu machen. Die dabei auftretenden Probleme sind mir wohl sehr bewusst, sie drohen mich manchmal aufzuhalten, manchmal habe ich das Gefühl, fast durchzudrehen vor lauter Sorge – aber dabei werden mir Bilder aus den Aufstellungen (egal ob aus der eigenen oder aus fremden Aufstellungen) bewusst. Sie helfen mir in meinen schwierigsten Momenten. Ich erinnere mich dann an das Wesentliche, was ich dabei gefühlt habe.

Bei meiner Aufstellung habe ich ein berufliches Problem aufgestellt. Ich fühlte mich damals hin- und hergerissen. Ich wusste nicht, was ich weiterhin beruflich unternehmen sollte. Aufgestellt wurde erst mal ich, mein damaliges Berufsziel und dann später das neue Ziel. Das neue Ziel war nicht weit weg vom damaligen; meine Mutter tauchte als sehr beeinflussend auf, sie fühlte sich nicht gut (so wie ich sie immer schon kenne). Sie hatte Kopfweh, spürte einen Druck in der Brustgegend ... Das neue Berufsziel war sehr offen, freundlich und positiv eingestellt. Mit der übernommenen Belastung ging es sehr unproblematisch und für Beobachtende sehr erfrischend um.

Ganz besonders beeindruckend war für mich auch die Erkenntnis, dass ich als ›Rückendeckung‹, als Energie im Rücken, meinen Vater zu erkennen glaube. Das gab mir auch nach einigen Tagen immer noch ein unbeschreibliches Glücksgefühl. Wenn ich daran zurückdenke, überkommt mich ein bisher nicht gekanntes Gefühl der Sicherheit – egal was kommt, mir kann nichts passieren.

Mittlerweile habe ich mich dazu durchgerungen, das aus dem Bauch gefühlte Berufsziel anzugehen. Die dabei auftretenden Probleme bringen mich schier zum ›Durchdrehen‹. Trotzdem habe ich irgendwo in mir ein Gefühl der Sicherheit, eine Sicherheit, die mich dazu bewegt, ›Schritt für Schritt‹ weiter zu gehen.

Je mehr ich in diese Richtung gehe, umso mehr achte ich auf mich und meine Gefühle. Ich beobachte, was mir gut tut und was nicht. Ich suche nach Menschen, die mich positiv unterstützen und versuche Menschen, bei denen ich bisher das Gefühl hatte, dass sie mich demotivieren, zu meiden.

Ich habe jetzt das Gefühl, die Natur, die Farben, alle Glücksmomente und auch Momente des Leidens viel intensiver zu erleben.«

Ein Drehbuchautor berichtet von der Integration der Aufstellungserlebnisse ein Jahr danach:

»Die Aufstellung hat mir viel geholfen. Ich wusste bei der weiteren Arbeit am Drehbuch immer genau, wo ich stehe. Sie hat mir viele neue Impulse gegeben.

Während der Aufstellung war ich verblüfft, wie sich Dynamik zeigte, obwohl verdeckt gearbeitet worden ist, d.h. niemand kannte die Geschichte und Zusammenhänge. Manche Aspekte waren unbekannt für mich. Neue Bezüge zeigten sich.

Die Erinnerung an die Aufstellung und die Aufzeichnungen, die jemand netterweise während der Arbeit gemacht hat, waren für mich wie eine Knotenschnur, an der man sich entlanghangeln kann. Bei jedem Punkt bzw. Knoten erinnerte ich mich an etwas, z.B. wie es sich anfühlte.

Zwischendurch, wenn ich das Stück mal weggelegt habe oder weiter daran schrieb, habe ich die Aufstellung vergessen. Sobald ich mich wieder daran erinnerte und alles wieder hervorholte, wie es in der Aufstellung war, wurde sie wieder präsent. Es war, wie wenn mir jemand gezeigt hätte, wie es ist.«

Aufstellungen wirken über die Erinnerung.

Aufstellungsformen

Organisationsaufstellungen

Klassisches Organisationsaufstellen

Unter klassischen Organisationsaufstellungen wird im Allgemeinen das konkrete Aufstellen von Mitarbeitern einer Organisation oder Institution verstanden. Bei einem Abteilungskonflikt werden üblicherweise konkret der Abteilungsleiter und die betroffenen Mitarbeiter aufgestellt. Oder es werden der Firmengründer, Chef und/oder Mitarbeiter aufgestellt.

Die Entwicklung von Lösungsbildern bei klassischen Organisationsaufstellungen

Bei klassischen Organisationsaufstellungen gibt es einige Erfahrungswerte bezüglich der räumlichen Anordnung von Lösungsbildern. Man stellt üblicherweise die oberste Hierarchie außen rechts und entweder halbkreisförmig oder gegenüber in absteigender Reihenfolge die weiteren Hierarchieebenen. Bei gleicher Hierarchieebene kann die Reihenfolge, z.B. Dauer der Zugehörigkeit zum Arbeitssystem, Alter und Einsatz fürs Unternehmen, berücksichtigt werden.

Bis die vorgeschlagenen Positionen von den Stellvertretern akzeptiert werden, kann einiges an Prozessarbeit notwendig sein. Oft sind Aufarbeitungen von Kränkungen, Würdigungen, Benennen von Tatsachen und klares Verteilen von Aufgaben, Funktionen und Zuständigkeiten notwendig.

Für die klassische Aufstellung entscheidet man sich z.B., wenn die Vermutung nahe liegt, dass es um das Verhältnis der Personen untereinander, um Hierarchiekonflikte, Fragen, bei denen die Ordnung in einem System gestört ist, geht. Es besteht immer die Möglichkeit, abstrakte Elemente (z.B. Aufgaben, Ziele, Entscheidungsalternativen ...) dazuzunehmen oder sogar auf die Familienaufstellungsebene zu wechseln.

Gunthard Weber und Brigitte Groß beschreiben in dem Artikel *Organisationsaufstellungen* (1998) * treffend wesentliche Grundprinzipien, die einem immer wieder beim klassischen Organisationsaufstellen begegnen und die bei der Prozess- und Stellungsarbeit wichtig sind.

Grundprinzipien vom Organisationsaufstellen

Die Aufstellungsarbeit in Organisationen ist längst noch nicht so untersucht, wie das seit 20 Jahren praktizierte Familienstellen. Es gibt jedoch einige Grundprinzipien, die sich immer wieder bei der Aufstellung von Organisationen zeigen:

1. Das Recht auf Zugehörigkeit
In Organisationen hat jeder das gleiche Recht dazuzugehören.
Jeder hat die Verpflichtung gemäß der Position, seinen Beitrag und Einsatz zur Erhaltung und Erneuerung der Organisation zu leisten.

2. Geben und Nehmen
Unausgeglichene Bilanzen fördern Unzufriedenheit, Schuldgefühle und unbewusstes Verlangen nach Ausgleich. Der, dem Unrecht geschieht, bekommt Macht, und der, der dauerhaft mehr gibt, als er nimmt, fördert Beziehungsabbrüche. Sowohl Überversorgung wie Ausbeutung haben Folgen.

3. Wer länger da ist, hat Vorrang
Bei Gleichgestellten hat derjenige, der früher da war, die älteren Rechte.
Diese müssen von Dazugekommenen anerkannt werden (insbes. Gründer, Initiatoren).

4. Leitung hat Vorrang
Eine Organisation hat ein Bedürfnis nach Führung.
Mythen wie »Wir sind alle gleich !« fördern Unsicherheit.

---

* in *Praxis des Familienstellens* von G. Weber

5. Leistung muss anerkannt werden

Besondere Leistungen und Fähigkeiten müssen anerkannt und gefördert werden, damit derjenige bleiben kann. Beispielsweise durch Sätze des Leitenden wie: »Ich schätze Ihren Einsatz und den Beitrag, den Sie hier für die Firma einbringen, sehr und freue mich auf die weitere Zusammenarbeit.«

6. Gehen und Bleiben

Bleiben kann jemand, der die Organisation braucht und der seine Funktion ausfüllt.
Ein Mitarbeiter, der die Organisation nicht mehr braucht, kann etwas verfehlen, wenn er bleibt. Kämpfe, Demotivierung und Vertrauensverlust sind die Folge.
Es ist wichtig, dass eine Trennung in gutem Einvernehmen und in gegenseitiger Achtung vollzogen wird, damit es in der Organisation gut weitergehen und der Betreffende an der nächsten Stelle gut ankommen kann.

7. Organisationen sind aufgabenorientierte Systeme

Oft beschäftigen sich Mitarbeiter mit sich selbst, mit Beziehungsproblemen oder klagen über »die oben« und die Zustände.
Dann ist es wichtig, die Aufgabe, das Ziel oder die Kunden aufzustellen.

8. Stärkung oder Schwächung

Am richtigen, angemessenen Platz fühlt man sich sicher und gelassen und bei guter Energie.
An angemaßten Plätzen entstehen Größenfantasien und derjenige steht mit aufgeblasener und geschwollener Brust.
An schwächenden Plätzen ist derjenige selbst nicht gewürdigt, würdigt sich selbst nicht oder es fehlt ihm an Unterstützung.
Schwächende Gefühle haben oft mit alten Mustern aus der Ursprungsfamilie zu tun.

9. Das Alte und das Neue

Erst muss das Alte gewürdigt werden, damit das Neue eine Chance hat.
Dabei geht es um die innere Haltung.

Abstrakte Elemente beim Organisationsaufstellen

Es gibt Fragestellungen in Unternehmen, für die es angebracht ist, zusätzlich zu den konkreten Personen abstrakte Elemente aufzustellen.

Als sehr hilfreich erweist sich oft das Hinzustellen der Aufgabe, die Mitarbeiter von Institutionen oder Unternehmen zu erfüllen haben. Man kann sie gleich zu Beginn aufstellen oder später dazunehmen und die Reaktion der üblichen Systemelemente daraufhin beobachten. Es gibt unterschiedliche Reaktionen auf im System aufgestellte Aufgaben, z.B.:

- Die Aufgabe wird gar nicht wahrgenommen und alle sind mit anderen Dingen beschäftigt. Nur eine Person oder ein Teil der Mitarbeiter hat Kontakt zu den Aufgaben.
- Die Aufgabe ist »sauer«, weil sie niemand sieht und wahrnimmt.
- Alle sind sehr erstaunt, wenn die Aufgabe plötzlich hinzukommt oder ins Blickfeld rückt.
- Häufig gibt es auch den Wunsch, dass die Aufgabe in die Mitte gestellt werden soll (oft wollen sich die Mitarbeiter dann daran »festhalten«). Testet man dies aus, zeigt sich, dass dies zumeist kein guter Platz ist.

Weitere abstrakte Elemente können hilfreiche Informationen bringen, z.B. das Unternehmensziel, das Projektziel, das, um was es hier geht, die Störung, das Vertrauen, der (potenzielle) Kunde, der potenzielle Käufer eines Produktes, das Produkt, der Konflikt, Hindernisse, Ressourcen, Entscheidungsalternativen ...

Für die Anordnung der abstrakten Elemente im Lösungsbild gibt es keine Regeln. Wichtig für das Erarbeiten eines Lösungsbildes sind Intuition, das Erfassen des aufgestellten Systems und das Einbeziehen von Reaktionen der Repräsentanten.

Der Unterschied von Organisationsaufstellungen zu Familienaufstellungen

Der Hauptunterschied von Familien- zu Organisationsaufstellungen ist:

> Ein Organisationssystem kann man verlassen, ein Familiensystem nicht.

Darin liegt auch der Unterschied der größeren Intensität von Familienaufstellungen im Vergleich zu Organisationsaufstellungen begründet.

Dadurch, dass Familienaufstellungen tiefer gehen und energetisch dichter sind, ist es leichter, mit dieser Ebene zu arbeiten. Organisationsaufstellungen verlangen mehr Fingerspitzengefühl, um Feinheiten zu erkennen. Der AL ist mit verschiedenen Systemebenen konfrontiert: Dem Arbeitssystem, welches auch aus verschiedenen Ebenen und Subsystemen bestehen kann, und dem Familiensystem des Klienten, das natürlich auch mit in die Aufstellung und Fragestellung hineinwirkt.

Wie beeinflusst das Ursprungsfamiliensystem das Arbeitssystem?

Es zeigt sich immer wieder in Aufstellungen, dass sich Klienten in der Arbeitswelt einen ähnlichen Platz suchen oder schaffen, der dem Platz in ihrem Ursprungsfamiliensystem (d.h. Klient, Geschwister und Eltern) entspricht. So nimmt jemand, der sich in der Arbeit als Außenseiter fühlt, u.U. auch im Familiensystem einen Außenseiterplatz ein. Oder jemand, der sich sehr viel Arbeit auflädt, hat dies schon in der Ursprungsfamilie getan, z.B. der allein erziehenden Mutter viel abgenommen oder ein Geschwister aufgezogen.

Bei Fragestellungen, die dies stark vermuten lassen – vorausgesetzt die Bereitschaft des Klienten ist vorhanden –, bietet es sich an, mit der Aufstellung der Familiensituation zu beginnen. Eine zweite Möglichkeit ist, während der Organisationsaufstellung die Ebene zu wechseln und mit der Familienkonstellation weiterzuarbeiten.

Was kann der AL machen, wenn eine offene Arbeit auf der Familiensystemebene nicht möglich ist?

Bei Organisationsaufstellungen ist es nicht immer möglich, die Systemebene zu wechseln, da entweder die Bereitschaft des Klienten fehlt, der Auftrag hierzu nicht erteilt worden ist oder der vertraute Rahmen nicht vorhanden ist. In diesen Fällen kann man den Klienten entweder darauf hinweisen, dass es hilfreich sein könnte, das Familiensystem anzuschauen. Eine zweite Möglichkeit ist, die notwendigen Prozesse sehr verdeckt im Hintergrund ablaufen zu lassen.

Ein Beispiel: Häufig spielt bei dem Einnehmen einer Führungsrolle das Nehmen und der Zugang zur männlichen Linie eine große Rolle. Der AL kann diese verdeckt bearbeiten, indem er einfach sagt: »Ich stelle jetzt mal eine Kraftquelle hinzu.« Wird diese nicht gesehen oder ist der Zugang blockiert, kann mithilfe von Prozessarbeit – ohne die Position genauer zu benennen – daran gearbeitet werden. Je nach Grund der Störung des Kontaktes helfen Sätze wie z.B. »Du vor mir«; »Ich nach dir«; »Du gibst, ich nehme«; »Ich habe es für dich getragen«; »Jetzt gebe ich es dahin, wo es hingehört.«

Willst du das Land in Ordnung bringen,
musst du erst die Provinzen in Ordnung bringen.

Willst du die Provinzen in Ordnung bringen,
musst du die Städte in Ordnung bringen.

Willst du die Städte in Ordnung bringen,
musst du die Familien in Ordnung bringen.

Willst du die Familien in Ordnung bringen,
musst du die eigene Familie in Ordnung bringen.

Willst du die eigene Familie in Ordnung bringen,
musst du dich in Ordnung bringen.

ORIENTALISCHE WEISHEIT

Strukturaufstellungen

Die Idee, nicht nur konkret Familienmitgliederstrukturen aufzustellen, führten Insa Sparrer und Matthias Varga von Kibéd zur Entwicklung der Strukturaufstellungen*. Die Grundidee ist, dass vielfältige Systeme in Analogie zu den inneren Familienstrukturen entwickelt werden. Das bedeutet in der Praxis z.B., dass ein Arbeitnehmer an seinem Arbeitsplatz eine Position sucht, findet oder schafft, die verblüffend dem Platz ähnelt, den er in seinem Familiensystem innehat. Bei der Übertragung der Aufstellungsarbeit auf andere Systeme werden die von Bert Hellinger entdeckten Prinzipien der Zugehörigkeit, der zeitlichen Reihenfolge und des Vorrangs des höheren Einsatzes berücksichtigt.

* Die im folgenden Kapitel vorgestellten Strukturaufstellungen sind vertieft nachzulesen in *Ganz im Gegenteil* von Sparrer & Varga von Kibéd. Um die Lesbarkeit zu erleichtern, wird im Folgenden nicht an jeder, die Strukturaufstellung betreffenden Textstelle, auf die Entwickler der Strukturaufstellungsmethode hingewiesen. Dies gilt auch für den Theorieteil, in dem in Teilen auf sie Bezug genommen wird.

Für die Kontexte muss jeweils geklärt werden:

1. Wer gehört zum System?
2. Was bedeutet im neuen System Ausschluss?
3. In welcher Form gibt es eine zeitliche Reihenfolge bei welchen Teilen des neuen Systems?
4. Was bedeutet Einsatz in diesem Kontext?
5. Gibt es spezifische Gesetzmäßigkeiten für den jeweiligen Kontext?

Die verschiedenen Systemebenen treten miteinander in Resonanz. Dies zeigt sich immer wieder insbesondere bei Aufstellungen von Thematiken in Großkonzernen. Die Mitarbeiter eines Unternehmens mit ihrer persönlichen Ebene, unterschiedlichste Hierarchieebenen, Fusionen, bis hin zu weltweiten Verflechtungen interagieren. Besonders deutlich werden die Verflechtungen von Familiensystem und Arbeitssystem bei Aufstellungen von Nachfolgeregelungsthemen der Gründer und Erben. Oft muss auf der Familienebene gearbeitet werden, um zu einer Lösung im beruflichen Kontext zu kommen.

Folgende Strukturaufstellungen werden detaillierter beschrieben:

- Das Aufstellen des »ausgeblendeten« Themas
- Die Zielaufstellung (auch Problemaufstellung genannt)
- Die Glaubenspolaritätenaufstellung
- Das Tetralemma

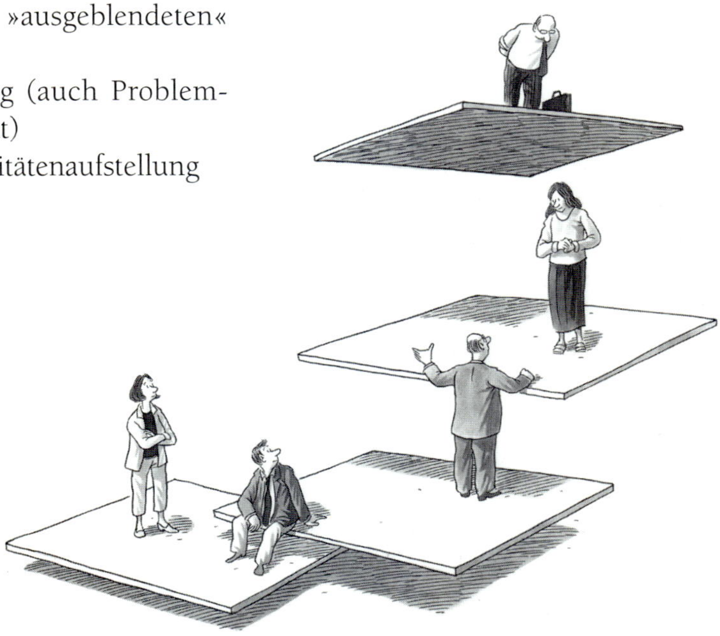

Das Aufstellen des »ausgeblendeten« Themas

Die Aufstellung des »ausgeblendeten« Themas umfasst drei Positionen:

- Einen *Focus* für den Klienten
- Das *offizielle Thema* (OT): das Thema, das der Klient bearbeiten möchte

  Dem offiziellen Thema kann ein Spitzname gegeben werden, z.B. »der Ärger«, »der Kunde«, »der Kollege« oder einfach als »das offizielle Thema« aufgestellt werden.
- Das *ausgeblendete Thema* (AT): Diese Position zeigt in der Aufstellung »das, um was es dabei eigentlich auch noch geht«, »das, was ausgeblendet wurde«, »das, was verdeckt war«, »das ›eigentliche‹ Thema«.

Für welche Themen ist diese Aufstellungsform geeignet?

Die beschriebene Aufstellungsform ist sehr gut geeignet für etwas »schwammig« formulierte Themen, bei denen man das Gefühl hat, wichtig ist zunächst herauszubekommen, um was es wirklich geht. Z.B.: Jemand beschreibt seine Wut auf einen Kollegen und kann nicht erklären, warum er wütend ist, oder ein Klient wundert sich über das seltsame Verhalten eines Kunden und kann es sich nicht erklären.

Eins zeigt sich immer wieder: Es geht nochmals um etwas anderes, als das, was der Klient denkt, worin sein Problem begründet ist. Ebenfalls für den Zuschauer ist es meist eine Überraschung, was sich dann in der Aufstellung zeigt.

Wie läuft eine Aufstellung ab?

Im ersten Bild hat der Focus oft wenig Kontakt zum ausgeblendeten Thema. In der ersten Änderung ist es wichtig, den Kontakt von allen drei Positionen zueinander herzustellen, entweder über Blickkontakt oder verbale Interaktion. Meist ist dazu auch eine Veränderung der Stellung notwendig.

Beispiel erstes Bild

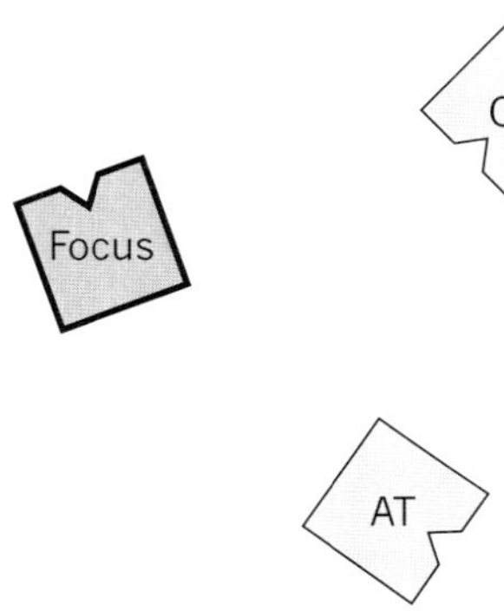

Erste Umstellung

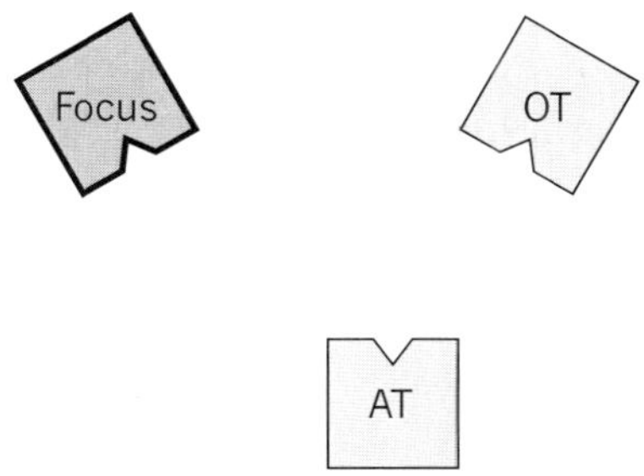

Focus = Klient
OT = offizielles Thema
AT = ausgeblendetes Thema

Welche Systemebenen tauchen auf?

Diese Aufstellungsform beginnt auf einer abstrakten Ebene. Es kann durchaus sein, dass während der Aufstellung noch fehlende Elemente ergänzt werden müssen. Manchmal ergibt sich auch der Wechsel auf eine andere, konkrete Personenebene. Z.B. kann ein Element sagen: »Ich glaube, ich bin die Kollegin«. Oder »Ich bin die Mutter« (oder der Bruder etc.).

Findet ein Wechsel zur Familienebene statt, entpuppt sich das offizielle Thema des Klienten häufig als offene Elternloyalität (oder Antipathie), das eigentliche Thema als verdeckte Elternloyaliät (Antipathie) zum anderen Elternteil.

An der Position des ausgeblendeten Themas können sich u.a. Hindernisse, verdeckte Gewinne und künftige Aufgaben (entsprechend der Zielaufstellung) zeigen. Das offizielle Thema entspricht eher dem Ziel des Klienten.

Die Zielaufstellung*

Das Aufstellen von Zielen

Die Anliegen von Klienten kreisen im Allgemeinen um Probleme, die sie lösen, und Ziele, die sie erreichen wollen. Die Zielaufstellung umfasst alle grundlegenden Bestandteile, die für die Erreichung eines Zieles wichtig sind.

Was wird aufgestellt?

Alle folgenden Punkte sind Bestandteil des Wunsches bzw. des Problems, ein Ziel zu erreichen:

- Focus
- Ziel
- Hindernisse (1-3)
- Ressourcen (1-3)
- (Verdeckter) Gewinn
- Zukünftige Aufgabe

I. Der Focus

Der Focus repräsentiert den Klienten, der ein Anliegen bzw. Problem/Ziel hat. Das Anliegen wird hierbei genauer spezifiziert mit Fragen wie:

- Wer hat das Ziel?
- Wer möchte ein Problem lösen?
- Wer hat das Problem: eine Einzelperson oder mehrere, z.B. eine Abteilung, eine Firma etc.?

Es könnten auch mehrere Foci aufgestellt werden, falls mehrere Personen dieses Ziel erreichen wollen.

Die Auswahl: Aus der Gruppe wählt der Klient einen Repräsentanten für den Focus und führt ihn an den für ihn stimmigen Platz im Raum.

---

* auch Problemaufstellung genannt

II. Das Ziel

Niemand hat ein Problem, wenn er nirgends hin will. Nur ein Klient, der etwas ändern will, hat ein Problem. Das Ziel ist die Richtung, in die er gehen möchte.

Ausnahme: Ein Ziel wird genannt, jedoch will derjenige in Wirklichkeit, dass sich nichts ändert. In diesem Fall ist das Ziel »die Nichtveränderung«. Dies kann sich z.B. ganz am Schluss einer Aufstellung herausstellen, wenn der Klient gebeten wird, sich auf seinen Platz zu stellen.

Ein Beispiel: Ein Klient äußerte zum Lösungsbild, in dem sich alle Repräsentanten sehr wohl fühlten: »Mir ist das alles zu klar und geordnet hier. Ich vermisse die Spannung.« Plötzlich bevorzugte er die ursprüngliche Stellung der Repräsentanten. So harmonisch wollte er es dann doch nicht.

Es kann sich auch während der Aufstellung herausstellen, dass der Klient in Wirklichkeit ein anderes Ziel verfolgt. In diesem Fall wird das neue Ziel dazugestellt.

In einer Aufstellung stellte sich beispielsweise heraus, dass der Klient gar nicht mehr seinen Arbeitsplatzkonflikt klären wollte, sondern sein wirkliches Ziel war, zu kündigen und einen neuen Arbeitsplatz zu finden.

Folgende Fragen können dem Klienten zu Beginn gestellt werden:

- Was ist Ihr Ziel?
- Wohin soll es für Sie gehen?
- Was wollen Sie erreichen?

Gibt es mehrere Ziele oder umfasst ein Ziel mehrere Dinge mit unterschiedlichen Eigenschaften, kann man dem Ziel einen Spitznamen geben, z.B. »Das Neue«, »Der richtige Job«, »Das Haus, das der ganzen Familie gefällt«.

Das Lösungsbild: Das Ziel steht im Lösungsbild meist gegenüber vom Focus und hat direkten Blickkontakt.

III. Die Hindernisse (1–3) oder der Schutzwall / die Helfer / ehrenwerte Hindernisse

Zu jeder Problemlösung oder zum Erreichen von Zielen müssen die dazugehörenden Hindernisse berücksichtigt werden. Sie sind oft wichtige Etappen, die darauf hinweisen, was noch gelernt werden muss, um das Ziel zu erreichen. Im Verlauf verwandeln sie sich oft in wichtige Helfer. Ein überwundenes Hindernis ist eine wichtige Erfahrung und entwickelt sich meist zu einer zukünftigen Ressource.

Manche Hindernisse zwingen den Klienten dazu, bestimmte Fähigkeiten zu erwerben, sodass sie bei einer künftigen Herausforderung rechtzeitig zur Verfügung stehen. Sind Hindernisse prinzipiell unüberwindlich, liegt kein Problem vor. Die Frage wurde falsch gestellt.

Manchmal haben Hindernisse auch eine Schutzfunktion. Der AL bekommt dies heraus durch Fragen wie:

- »Womit müssten Sie fertig werden, wenn dieses Hindernis nicht da wäre?«

Die Auswahl: Der Klient wählt ein bis drei Repräsentanten als Hindernisse aus, die aus momentaner Sicht die Erreichung des Ziels verhindern und/oder verzögern.

Beim Aufstellen ist es hilfreich, in einem Nebensatz auf die Funktion der Hindernisse hinzuweisen, z.B.: »Die Hindernisse, die sich später als Schutz entpuppen können ...«.

Wichtig ist die Würdigung der Hindernisse durch den Focus, da sie sonst im Widerstand verharren!

Manchmal stellt sich im Verlauf der Aufstellung heraus, um welches Hindernis es sich konkret handelt. Zu Beginn kann einfach nach der Anzahl der vermutlichen Hindernisse gefragt werden. Der Klient weiß meist genau, wie viele es sind – auch wenn er sie nicht detaillierter benennen kann.

Mögliche Standpunkte der Hindernisse:

- Hindernisse können geschwisterlich stehen, nette Kumpels sein.
- Falls sie rechts vom Focus stehen → Der Focus lehnt sich eher an.
- Falls sie links vom Focus stehen → Die ›Hindernisse‹ gehen eher mit dem Focus mit.

(Siehe auch Kapitel über Stellungsarbeit)

IV. Die ungenützten Ressourcen (1-3)

Es gibt kein sinnvolles Ziel/Problem ohne ungenützte Ressource. Oft sind die Ressourcen dem Klienten noch verborgen.

Etwas als Ziel/Problem in Erwägung zu ziehen heißt, sich einzugestehen, dass noch nicht alle Ressourcen ausgeschöpft sind. Wären schon alle Ressourcen genützt, ohne dass das Ziel erreicht ist, ist die Fragestellung nicht sinnvoll bzw. das Ziel prinzipiell unerreichbar.

Fragen des AL an den Klienten:

- Was könnte Ihnen helfen, zum Ziel zu gelangen?
- Was wurde unzureichend/oder bisher nicht genutzt?
- Wie viele Ressourcen glauben Sie zu haben?

Die Auswahl: Meist werden vom Klienten zwei bis drei Ressourcen ausgewählt. Sie können konkret benannt werden oder auch einfach als Ressource 1 + 2 + 3 aufgestellt werden. Im Allgemeinen wissen die Klienten sehr genau, wie viele (verdeckte) Ressourcen zur Verfügung stehen.

Das Lösungsbild: Im Lösungsbild stehen die Ressourcen oft hinter (Eltern/Großelternebene), neben oder seitlich (geschwisterlich) mit Blickkontakt zum Focus.

V. Der verdeckte Gewinn

Jedes System hat einen Gewinn dadurch, dass das Ziel noch nicht erreicht ist. Sonst könnte sich das Problem nicht länger stabilisieren. Wäre das Problem ohne jeden Gewinn, so würde die Frage nach längerer Zeit als unangemessenes Ziel nicht mehr gestellt werden. Es hat immer auch einen positiven Grund bzw. ist zu etwas gut, wenn sich in dieser Frage bisher noch kein Erfolg eingestellt hat.

Der verdeckte Gewinn könnte bei einem Klienten, der seit langem eine neue Stelle sucht, z.B. sein, dass er sich nicht auf Neues einstellen muss, sondern einer gewohnten und vertrauten Tätigkeit nachgeht. Oder: Er muss sich dem Risiko oder der Ungewissheit nicht stellen.

Das Lösungsbild: Im Lösungsbild ist wichtig, dass der Focus Blickkontakt zum Gewinn hat.

VI. Die zukünftige Aufgabe – nach der Zielerreichung

Nach jeder Problemlösung stellt sich eine neue Aufgabe, die schon als Bestandteil des Problems aufgefasst werden sollte. Sie wird folgendermaßen erfasst:

- Was steht nach der Lösung des Problems an?
- Womit müssten Sie fertig werden, wenn Sie schon Erfolg gehabt hätten?

Manchmal ist die Aufgabe bedrohlich für den Klienten und lässt ihn zögern, das Ziel zu erreichen. Z.B., wenn ein Student seine Abschlussprüfung nicht angeht. Danach müsste er arbeiten gehen. Davor hat er momentan noch Angst. Oder: Das Projektteam schließt das Projekt nicht ab. Was danach kommt, ist unklar und macht Angst.

Steht die Aufgabe im ersten Bild vor dem Ziel, versucht der Klient den zweiten vor dem ersten Schritt zu gehen → Ein Angestellter, der sich wünscht, in einer neuen Stadt zu arbeiten und sich ausgiebig mit dem Wohnungsmarkt beschäftigt, aber nicht um eine Arbeit bemüht.

Das Lösungsbild: Im Lösungsbild sollte die Aufgabe weiter als das Ziel vom Focus entfernt sein, z.B. sichtbar seitlich hinter dem Ziel.

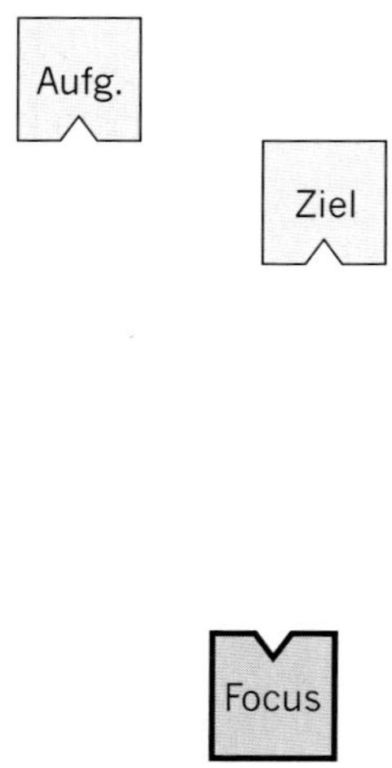

Focus = Klient
Ziel = Das Ziel
Aufg. = Die Aufgabe

Die Zielaufstellung
Wichtig: Wenn diese sechs Positionen nicht vorliegen, gibt es kein Problem!

Arbeit mit Teilen der Zielaufstellung

Der AL kann auch mit einzelnen Elementen der Zielaufstellung arbeiten, z.B. dem Focus, dem Ziel und einem Hindernis. Die anderen Bestandteile behält er im Hinterkopf. Sie müssen mit dazugestellt werden, sobald der Eindruck entsteht, dass etwas ausgeschlossen wird oder etwas Wichtiges fehlt, um eine Lösung zu erarbeiten.

Gerade für Anfänger ist es oft hilfreich, beim Aufstellen eine komplett vorgegebene Struktur zu berücksichtigen. Je mehr Erfahrung der AL hat, desto reduzierter kann er aufstellen.

Ein Beispiel aus dem beruflichen Kontext:

Focus	•Steht für den Klienten
Ziel	•Optimale Einführung einer neuen Produktlinie im Betrieb bei den Mitarbeitern
Hindernisse	•Ängste der Mitarbeiter vor unbekanntem Produkt •Widerstand gegen Abbau /das Einstellen altbekannter Produkte •Investitionsrisiko
Ungenutzte Ressourcen	•Einbringen von Spezialwissen eines Mitarbeiters bezüglich des neuen Produktes
Verdeckter Gewinn	•Ablauf der gewohnten Strukturen •Kein unbekanntes Risiko
Zukünftige Aufgabe	•Produktoptimierung •Umstrukturierung des Vertriebes •Neue Marktpositionierung

Die Glaubenspolaritätenaufstellung

Für welche Fragen eignen sich Glaubenspolaritätenaufstellungen?

Mithilfe der Glaubenspolaritätenaufstellung können Kraftquellen wie Wissen, Struktur und Vertrauen, wenn sie teilweise blockiert waren, wieder zugänglich gemacht werden. Durch eine Aufstellung kann der Handlungsspielraum erweitert werden. Was vorher limitiert war, erhält einen neuen Spielraum. Auch Visionen und Leitbilder von Organisationen können auf ihre Auswirkung hin überprüft werden.

Sie eignet sich insbesondere für Personen, die schon einige konkrete Themen aufgestellt haben und akut ein etwas »schwammiges Thema« formulieren, bei dem der AL die Vermutung hat, durch eine Glaubenspolaritätenaufstellung könnte der Klient neue Kräfte und Klarheit gewinnen.

Man kann sie auch als Rahmen für eine klassische Organisationsaufstellung verwenden, um herauszubekommen, wodurch eine Unternehmenskultur momentan gestört wird.

Was wird aufgestellt?

Es werden vier Positionen aufgestellt:

- Der Pol der Liebe
- Der Pol des Wissens
- Der Pol der Ordnung
- Der Focus

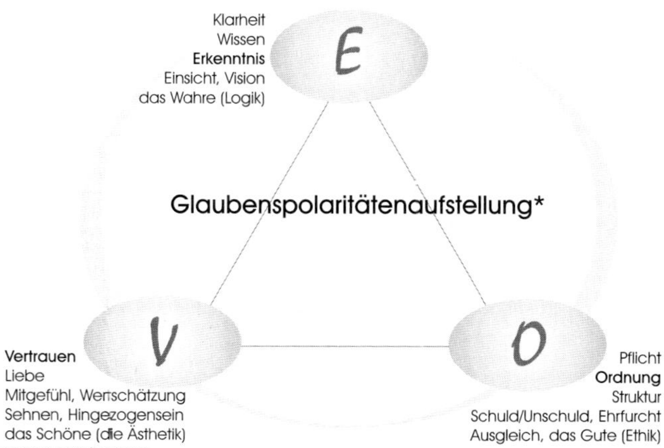

* nach Varga von Kibéd & Sparrer

In welcher Reihenfolge wird aufgestellt?

Der AL lässt zuerst die Pole aufstellen. Am Schluss den Focus.

Man kann die Pole sowohl »frei« als auch »fest« vorgegeben aufstellen lassen. »Frei« bedeutet, dass die Pole frei im Raum gestellt werden, »fest« bedeutet, dass sie gleich in der Form eines Dreiecks aufgestellt werden.

Werden die Pole *»frei«* aufgestellt, können unter Umständen umfangreiche familiengeschichtliche Bezüge auftauchen, die erst einmal bearbeitet werden müssen – insbesondere wenn der Klient in diesem Bereich noch nicht viel bearbeitet hat. Sie können die ursprüngliche Fragestellung stark überlagern.

Werden die drei Pole gleich in dem *»fest«* vorgegebenen Dreieck (siehe Abb.) positioniert, hat der AL eher die Möglichkeit, das vom Klienten gewünschte Thema zu bearbeiten, bevor die Familiengeschichte bewältigt ist. Der AL wählt diese Variante, wenn der Klient dringend eine Lösung für die aktuelle Frage braucht.

»Etwas hinter den Polen auftauchen lassen«

Der AL merkt meist sehr schnell, mit welchem Pol es ein Problem gibt. Indem der AL etwas hinter dem Pol, bei dem er ein Problem vermutet, auftauchen lässt, wird das, was ausgegrenzt oder verwechselt worden ist, meist sichtbar. Der AL geht so weit zurück, bis etwas auftaucht, was klar und gut ist. Meist genügt es, wenn eine Person von rechts dahinter auftaucht. Der Pol geht zur Seite und der Focus achtet darauf, wie es ihm geht, wenn »das Neue/das, was dahinter steht« sichtbar wird.

Alternativ kann man auch mit der kataleptischen Hand arbeiten und eine Hand hinter einem Pol auftauchen lassen.

Welches Ziel verfolgt die Glaubenspolaritätenaufstellung

Die drei Pole – Liebe, Ordnung und Wissen – sind Kraftpole. Ziel der Aufstellung ist es, den Zugang zu den drei Polen bzw. den Kraftquellen wiederherzustellen. Meist ist der Zugang zu einer, selten mehreren Kraftquellen verstellt. Dies kann biografische Gründe haben. Die einzelnen Kraftquellen können mit Personen verwechselt werden, durch die eine Person (z.B. Mutter, Vater, Kollege) Teilaspekte von Vertrauen, Wissen und Ordnung kennen gelernt hat.

Die drei Pole sind reine Kraftpole und werden normalerweise nicht vom Focus beeinflusst. Es ist sehr interessant für Stellvertreter, einen solchen Pol zu repräsentieren. Die Kraftpole können geben, ohne je weniger zu werden.

Bei sehr wissensorientierten Personen ist häufig zu beobachten, dass der Zugang zum Pol der Liebe erst wieder hergestellt werden muss. Der Pol des Wissens wird übermäßig strapaziert. Er erscheint dem Klienten lange als einzige verlässliche Quelle.

Einige Beispielssätze, die in durchgeführten Glaubenspolaritätenaufstellungen wesentlich waren:

- Beim Einatmen aufnehmen, wenn du dorthin schaust.
- Ich nehme von dir und es wird mir leichter (allmählich/ein bisschen mehr als zuvor).
- Ich habe versucht von dir zu nehmen, was ich nur von dort bekommen kann.
- Ich habe dich verwechselt.
- Ich schaue später wieder hin.
- Lass mir Zugang zu Quellen.
- Gib mir noch ein bisschen Zeit.
- Ich brauche noch etwas Zeit.

Woher kommt die Glaubenspolaritätenaufstellung?

Die Idee von der Benennung der drei Pole geht auf eine Einteilung aus der Religionsphilosophie von Frithjof Schuon zurück. Sie basiert auf einer Einteilung des Autors des Yoga-Sutras Patanjali: das Inana Yoga (Yoga der Erkenntnis), das Bhakti Yoga (Yoga der Liebe) und das Karma Yoga (Yoga der Pflicht und Handlung).

Jeder Pol ist in unterschiedlicher Ausprägung in den verschiedenen Weltreligionen vertreten. Er wird unterschiedlich stark betont. Im Christentum hat der Pol der Liebe einen besonderen Stellenwert.

Mithilfe der *Glaubenspolaritätenaufstellung* wird der Zugang zu Kraftquellen wiederhergestellt. Drei Pole werden berücksichtigt: Der Pol des Vertrauens, der Ordnung und der Erkenntnis. Die drei Pole sind die Grundachsen, von denen aus man einen Zugang zu Eigenschaften findet. Oft ist der Zugang zu einem Pol, einer wichtigen Kraftquelle, biografisch verstellt.

Beispiel für die Auswirkungen von Störungen in einem Unternehmen:

Vernachlässigung der Erkenntnisse (Wissen)	•Konflikte zwischen Mitarbeitern •Unzufriedenheit •Machtkämpfe •Unsicherheit
Vernachlässigung des Vertrauens	•Loyalität sinkt •Motivation geht zurück •Kündigungen •Schlechte Arbeitsatmosphäre
Vernachlässigung der Ordnung	•Fehlentscheidungen •Widerstände •Strukturen funktionieren nicht

nach Varga von Kibéd & Sparrer

Das (negierte) Tetralemma

Eine Tetralemmaaufstellung kann aufzeigen, wie man in einer Dilemmasituation zu Lösungen findet. Es spiegelt die Phasen eines Entscheidungsprozesses wider.

Woher kommt die Tetralemmaaufstellung?

Das Tetralemma kommt aus der indischen Logik (Sanskrit: čatuškoti, deutsch: Vierkant). Die Erweiterung ›das negierte Tetralemma‹, welche die 5. Position enthält, geht zurück auf die buddhistische Logik, die so genannte vierfache Verneinung des Madhyamikas. Matthias Varga von Kibéd und Insa Sparrer haben sie aufs Aufstellen übertragen.

Was wird aufgestellt?

Aufgestellt werden folgende Positionen:

- Der Focus (für die Klientenperspektive)
- Das Eine
- Das Andere
- Beides
- Keines von beiden
- Das 5. Element »Und selbst dies nicht – und auch das nicht« als freies Element

Mit diesen sechs Positionen kann ein Entscheidungsprozess simuliert werden. Zukünftige Schritte und Entwicklungsprozesse werden durchlaufen. Es kann auch mit Teilen der Tetralemmapositionen gearbeitet werden.

Für welche Fragen ist die Tetralemmaaufstellung geeignet?

Eine Tetralemmaaufstellung ist geeignet, sich ein bestehendes Dilemma anzuschauen, z.B.:

- Bleibe ich oder kündige ich?
- Arbeite ich in Festanstellung oder mache ich mich selbstständig?
- Ziehe ich an Ort A oder B?
- Ist X oder Y der richtige Geschäftspartner für mich?
- Traue ich dem Auftraggeber oder nicht?
- Bin ich kreativ in der Ruhe oder Anspannung?

Jede Frage hat im Grunde ihren Gegensatz. Man kann etwas ändern oder nicht, z.B. die Frage: »Mir geht es oft nicht gut mit Herrn X.« Man könnte so beginnen, dass man den Klienten auffordert: »Suche dir einen Repräsentanten für ›das gut gehen‹ und einen anderen für ›das nicht gut gehen‹ und entscheide, welcher Position das Eine und das Andere entspricht.« Im Allgemeinen können dies Klienten sofort sagen.

Die übrigen Elemente werden entweder sofort oder im Verlauf der Aufstellung dazugestellt. Manchmal ergibt sich durch das Aufstellen der drei Positionen – der Focus, das Eine und das Andere – sehr schnell eine klare Lösung für eine Frage. Einem Klienten wurde bei einer solchen Aufstellung z.B. ganz schnell klar, dass er kündigen und sich selbstständig machen wird. Zwei Wochen später hatte er es auch in der Realität vollzogen.

Der Ablauf einer Tetralemmaaufstellung

Das Vorgespräch wird geführt und das Dilemma herausgearbeitet, z.B. gehen oder bleiben, das Haus A oder B kaufen, die Firma verkaufen oder behalten.

Im Anschluss entscheidet der Klient, welche Position er als das Eine und welche als das Andere aufstellt. Den Positionen kann ein Spitzname gegeben werden, z.B. in einer Entscheidungssituation, in der sich der Klient unsicher fühlt, ob er ein Projekt vergeben soll oder nicht: Das »Ja« (für ja, ich vergebe es) für das Eine und das »Nein« (nein, ich vergebe es nicht) für das Andere.

Nachdem der Klient alle Positionen im Raum frei aufgestellt hat, befragt der AL die verschiedenen Positionen nach ihrer Befindlichkeit. Danach stellt er die Positionen an die Standard-Tetralemmapositionen.

Nun beginnt die Arbeit für den Focus. Er stellt sich neben die Position *das Eine* und spürt den Unterschied, ob es ihm rechts oder links davon besser geht. Als Nächstes bewegt er sich zur Position *das Andere*. Diese Hin- und Herbewegung kann mehrmals notwendig sein. Danach prüft er, wie es ihm mit *Beides* geht. Von *Beides* geht er zu *Keines* von beiden.

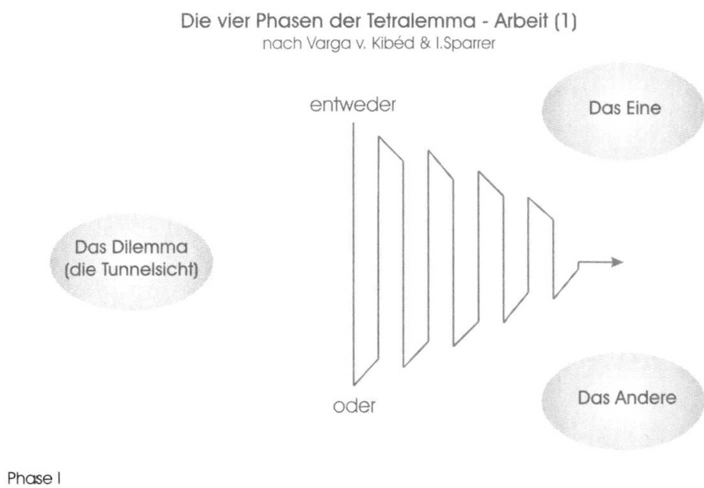

TLA: Die erste Rahmenerweiterung (2)
Die übersehene Vereinbarkeit

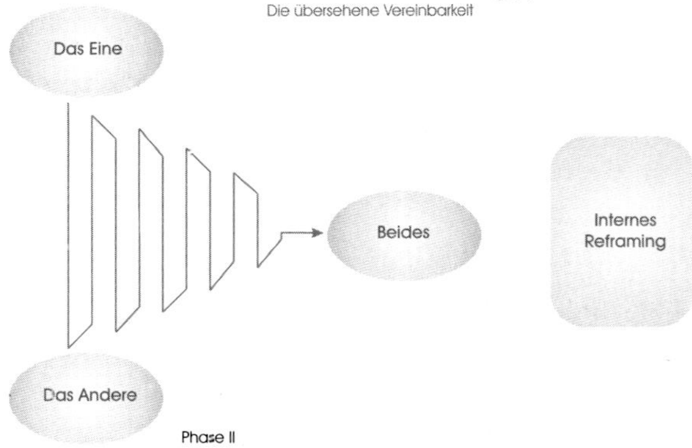

TLA: Die zweite Rahmenerweiterung (3)
Die übersehenen Kontexte des Dilemmas → Tetralemma

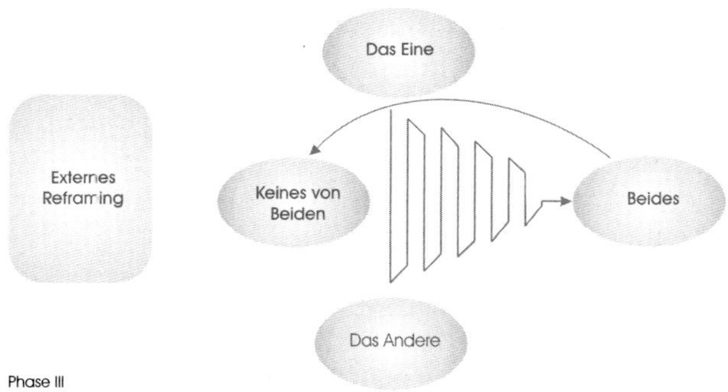

TLA: Die dritte Rahmenerweiterung (4)
Die reflexive Musterunterbrechung → das negierte Tetralemma

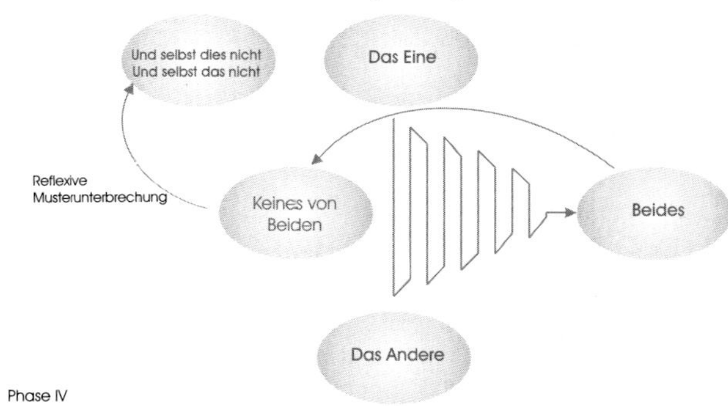

Das Ende

Am Ende ist es nicht relevant, an welcher Stelle der Focus steht. Wichtig ist, dass ein Prozess in Gang gekommen ist und sich etwas weiterbewegt hat.

Das Einnehmen verschiedener Positionen und das Spüren der unterschiedlichen Wahrnehmungen setzt diesen Prozess in Gang.

Was zeigt sich bei den unterschiedlichen Positionen?

Das Eine: Hier zeigt sich die Haltung zur einen Seite der Dilemmasituation.

Das Andere: Hier zeigt sich die Haltung des Focus zur anderen Seite der Dilemmasituation. Der Focus wandert zwischen beiden Positionen einige Male hin und her und spürt den Unterschied.

Beides: Hier können unterschiedliche Aspekte auftauchen, z.B.:

- Kompromisse
- Scheingegensätze
- Zeitlich abwechselnde Richtigkeiten
- Neue Richtigkeiten
- Prämissenverschiebungen
- Haltungsänderungen

Keines von beiden: Hier zeigen sich Aspekte der Gegenwart, Vergangenheit und Zukunft.

Vergangener Kontext
Wie kam es zum Dilemma?
Wofür war es gut? (Gewinn)

Zukünftiger Kontext
Was wäre nach der Lösung dran? (Aufgabe)

Gegenwärtiger Kontext
Was lässt es aktuell sein? (Blinder Fleck)

Zeitloser Kontext
Was wird durch das Dilemma sinnvoll? (Sinngebung)

Das 5. Element (daher »negiertes« Tetralemma): Fünf Elemente sind freie Elemente und dürfen sich ab dem Zeitpunkt, zu dem sie aufgestellt worden sind, frei bewegen. Sie entscheiden, wo sie stehen bleiben und wann sie umhergehen. Während einer Tetralemmaaufstellung beschloss ein fünftes Element hinauszugehen und steckte den Kopf zur Tür immer dann hinein, wenn es gerade einen spannenden Prozess im Raum gab.

Sie sind auch als Co-Berater zu sehen und es ist gut für den AL, sie aus dem Augenwinkel zu beobachten.

Die Negation erzeugt eine Art Musterunterbrechung und weist auf eine Nichtabschließbarkeit übergeordneter Einsichten hin.

Reflexive Prinzipien der Musterunterbrechung:

- Humor
- Ernst
- Synergie
- Allparteilichkeit

Etwas »dahinter« (hinter einer Position) auftauchen lassen

Manchmal gibt es biografische Verstrickungen mit Positionen. Es kann dann notwendig sein zu prüfen, ob etwas verwechselt wird. Man lässt dann ebenfalls wie bei der Glaubenspolaritätenaufstellung etwas »dahinter« auftauchen.

Der Entscheidungsprozess

Die Tetralemmapositionen werden in jeder Entscheidungssituation durchlaufen. Manchmal schneller, manchmal langsamer. Manchmal kann eine Entscheidung klar getroffen werden, manchmal wird eine Ehrenrunde gedreht oder es kommt das »Alte in Grün« heraus.

Mögliche Prozessphasen

- *5. Position:* Kann eine flexible Haltungsänderung, z.B. humorvoll sein und wieder ernst werden können, widerspiegeln.
- *Rückfall:* Der ganze Prozess kann vergessen werden. Es wird wieder die 1. Position eingenommen.

- *Ehrenrunde:* Nach einer Außenposition zum ganzen Prozess wird der Prozess nochmals durchlaufen und überprüft. Die Erinnerung an den Prozess wird mitgenommen.
- *Symptomverschiebung:* Ein neuer Aspekt taucht auf und tritt in den Vordergrund.
- *Kreativer Schritt:* Distanz zum ganzen Prozess, dabei kann ein neuer Standpunkt eingenommen werden. Dies kann auch manchmal bedeuten, nichts zu ändern.

Was bringt die Tetralemmaaufstellung?

Im Zeitraffer werden die Entscheidungsphasen durchlaufen. Für den Klienten ist dies eine Möglichkeit, schneller und klarer seine Entscheidung zu treffen.

Manchmal tauchen auch ganz neue Entscheidungsvarianten und Alternativen während der Aufstellungsarbeit auf. Die Unterschiede werden entweder vom Focus berichtet oder der Klient erlebt sie selbst sowohl auf gedanklicher wie körperlicher Ebene.

Einzelarbeit und Gruppen

Man kann eine Tetralemmaaufstellung sowohl in der Einzelarbeit wie in Gruppen einsetzen.

In der Einzelarbeit durchlebt der Klient selbst die einzelnen Phasen und spürt die körperlichen Veränderungen. Manchmal kann es auch in der Arbeit mit Repräsentanten sinnvoll sein, den Klienten früh den Platz seines Focus einnehmen zu lassen. Dies entscheidet der AL.

Kann es einen Systemebenenwechsel geben?

Wie bei allen abstrakten und Strukturaufstellungsformen kann sich während einer Aufstellung ein Systemebenenwechsel ergeben. D.h., plötzlich wird ein Thema aus der Ursprungs- oder Gegenwartsfamilie brisant und erfordert Aufmerksamkeit. Dies passiert natürlich insbesondere bei Klienten, die noch nie oder kaum mit dem Familiensystem gearbeitet haben.

Freies oder festes Tetralemma?

Ebenso wie bei der Glaubenspolaritätenaufstellung kann man entscheiden, ob man die Positionen im Raum zu Beginn vorgibt, d.h. fest aufstellen lässt, oder ob man sie den Klienten frei im Raum wählen lässt. Bei der freien Aufstellung können wiederum eher Familienthemen in den Vordergrund treten und die Bearbeitung der ursprünglichen Fragestellung überdecken.

Die Tetralemmaaufstellung ist prozessorientiert und spiegelt den eigenen Entscheidungsprozess wider.
Es gibt Ehrenrunden, Symptomverschiebungen oder kreative neue Schritte.
Man kann gleich mit allen Teilen des Tetralemmas beginnen oder sich auch später entscheiden, sie dazuzustellen.
Man kann frei oder fest aufstellen.

Supervisionsaufstellungen

Supervisionsaufstellungen werden schon seit langem im therapeutischen Kontext zur Unterstützung von Therapeuten eingesetzt. Sie sind auch ein geeignetes Mittel, Aufträge von Beratern zu überprüfen. Folgende Themen kann man damit bearbeiten:

- Wo ist mein Platz im Unternehmen?
- Was ist überhaupt mein Auftrag?
- Immer wieder übernehme ich die Verantwortung für Dinge, für die ich keinen Auftrag habe. Woran liegt das?
- Worum geht es im Unternehmen wirklich?
- Was ist in der Abteilung X los?
- Wie werden meine Umstrukturierungsvorschläge aufgenommen? Haben Sie eine Chance, umgesetzt zu werden? Wo liegen die Widerstände? etc.

Bei einer Supervisionsaufstellung ist es wichtig, primär für den anwesenden Klienten zu arbeiten. Er sollte mit aufgestellt werden, damit die Aufstellung einen klaren Bezug hat.

Der AL bekommt von dem anwesenden Klienten den Auftrag, eine Fragestellung zu bearbeiten. Die Hauptaufmerksamkeit liegt dann auf dem Anliegen aus Sicht des Klienten. Stellt ein Berater sich und das Unternehmen auf, können vielfältige Themen des zu beratenden Systems auftauchen, für die zum Teil kein Bearbeitungsauftrag vorliegt – weder vom Klienten noch von den Beteiligten des aufgestellten Systems. Die Gefahr der Verführung, hier Konfliktfelder aufzuarbeiten, sollte dem AL bewusst sein. Oft fehlen auch wichtige Informationen, um weiterzuarbeiten. Grenzen der Einmischung sollten hier respektiert werden.

Zwischendurch kann man den Berater ins System an seinem Platz oder hinter seinen Stellvertreter stehen lassen. Dadurch kann er die Vielfalt der Wandlungsschritte besser nachvollziehen.

Aufgestellt wird der Klient (Berater) und das zu beratende System.
Primär geht es um die Frage des Beraters und seinen angemessenen Platz. In das zu beratende System sollte ohne Auftrag nicht zu sehr eingegriffen werden.

Sonstige Aufstellungsformen

Juristische Aufstellungen

Die Einsatzmöglichkeiten juristischer Aufstellungen

Systemische Aufstellungen zeigen sehr schnell und deutlich, welche Störungen auf der zwischenmenschlichen Ebene zwischen Personen bestehen. In Konfliktsituationen spielen Kränkungen und fehlende Würdigungen eine große Rolle. Im Extremfall führt dies zu zeit- und kostenträchtigen juristischen Auseinandersetzungen. Aufstellungsarbeit bietet die Möglichkeit, Lösungen auf der zwischenmenschlichen Ebene zu entwickeln. In kurzer Zeit liefert eine Aufstellung neue Erkenntnisse für eine bessere Kommunikationsbasis. Der Ausgleich von Geben und Nehmen spielt oft eine zentrale Rolle.

Wer kann aufstellen? Prinzipiell kann aus Sicht eines jeden Beteiligten aufgestellt werden:

- Kläger
- Beklagter
- Klägervertreter
- Beklagtenvertreter
- Richter
- Zeuge.

Wann wird aufgestellt?

- Streitparteien stellen insbesondere dann auf, wenn zur Streitschlichtung eine persönliche Kommunikation wichtig ist und eine akzeptable Beziehung nach dem Prozess angestrebt wird (z.B. Scheidung, Sorgerecht für Kinder, Arbeitspartner, Nachbarn).
- Rechtsanwälte können mithilfe von Aufstellungen einen Prozess vorbereiten, um Klarheit zu gewinnen.
- Aufstellungen können als Schlichtungsversuch vor Prozessbeginn eingesetzt werden.
- Aufstellungen können helfen, eine Strategie zu entwickeln.

Die Phasen eines juristischen Prozesses: Üblicherweise gibt es folgende Verfahrensschritte:

- Der Kläger schickt seine Klage ans Gericht (Klage).
- Der Richter schickt die Klage an den Beklagten bzw. die Gegenseite.
- Der Beklagte äußert sich zum Sachverhalt und schickt die so genannte »Klageerwiderung« zurück.
- Der Kläger antwortet auf die Klageerwiderung (Replik).
- Es wird ein Termin zur mündlichen Verhandlung einberufen.
  a) Der Richter führt einen Sach- und Streitstand ein.
  b) Jeder kommt zu Wort.
  c) Der Richter nimmt am Schluss Stellung zum Vorgang.

Für welche Rechtsfragen lassen sich Aufstellungen einsetzen? Systemische Aufstellungen bringen Klarheit für eine Vielfalt von Fragestellungen in einer Konfliktsituation:

- Besteht die Möglichkeit einer Einigung zwischen den Parteien ohne Einbeziehung eines Rechtsweges?

- Wie ist es möglich, die Kommunikationsbasis zwischen sehr zerstrittenen Parteien zu erhalten bzw. wiederherzustellen?
- Welcher Rechtsanwalt vertritt mich am besten?
- Welche Strategie ist im Prozessverlauf erfolgversprechend? Wie verhalte ich mich während der Verhandlung? Wie reagiere ich auf die Gegenpartei?
- Welcher Weg führt möglichst schnell zu einer Lösung?
- Wie entscheide ich mich als Richter richtig?
- Wie kann eine Lösung aussehen?
- Was ist eine gute Lösung für den Streitgegenstand, z.B. »Bei wem sind die Kinder im Scheidungsfalle am besten aufgehoben?«

Welchen Nutzen kann eine Aufstellung bringen?
- Teure Prozesskosten werden eingespart.
- Ein gerichtliches Verfahren kann entfallen.
- Es kann eine Basis für einen Umgang der Parteien miteinander vor, während und nach dem Streit geschaffen werden.

Ein Beispiel: Die Mietauseinandersetzung. Zum Sachverhalt: Das Mietverhältnis eines Mieters wurde beendet. Der Mieter hat an den Vermieter Kaution bezahlt und möchte sie nach der Wohnungsübergabe zurückerhalten. Der Vermieter stimmt einer Beendigung des Mietverhältnisses zu, behauptet jedoch, dass bei der Wohnungsübergabe vereinbart worden sei, dass noch diverse Mängel in der Wohnung vom Mieter zu beheben seien und er die Rechnung für die Schönheitsreparaturen von der Kaution abziehen könne. Der Mieter behauptet, dies sei nicht abgesprochen worden und reicht eine Klage bei Gericht ein. Der Vermieter antwortet: »Dies ist unverschämt. Der Hausmeister hat den Vorgang mitgehört.«

Der Vermieter bringt somit als Beweis den Hausmeister ein. Bei Streitigkeiten ist eine Beweisaufnahme üblich. Als Beweis können Zeugen, Sachverständige, Urkunden wie Verträge, Testament etc., angebracht werden sowie eine – was relativ selten vorkommt – richterliche Inaugenscheinnahme und eine persönliche Anhörung der Parteien. Der Zeuge, der das Beweisthema vorab erhält, kann sich an nichts erinnern. Somit hat es im juristischen Sinne diese Vereinbarung nicht gegeben.

Die Aufstellung des Falles: Der Fall wurde durch den Rechtsanwalt der Klägerpartei kurz vor Beginn der Verhandlung vor Gericht aufgestellt.

Das Verhalten der Beteiligten in der Aufstellung: Der *Richter* reagierte äußerst genervt und ungehalten auf den Vermieter (Beklagten) und fühlte sich sehr unwohl auf seinem ersten Platz gegenüber dem Beklagten. Erleichterung trat bei ihm nach einer räumlichen Umstellung auf (siehe Lösungsbild) und nachdem der Zeuge hinzukam und sich äußerte. Die Zeugenaussage brachte ihm die Klarheit, zu entscheiden.

Der *Zeuge* (Hausmeister) fühlte sich sichtlich unwohl in seiner Rolle. Er fühlte sich sehr von seinem Arbeitgeber, dem Vermieter, unter Druck gesetzt und zeigte Zeichen von Existenzangst. Ihm war anzumerken, dass er nicht gerne eine Aussage gegen den Mieter treffen wollte.

Der *Beklagte* (Hausbesitzer) beharrte während der Aufstellung auf seiner Forderung, während der Kläger den Prozessverlauf abzuwarten schien.

Der *Anwalt des Klägers* war im ersten Bild sehr weit weg von seinem Mandanten und dem Geschehen. Der *Kläger* (Mieter) fühlte sich wesentlich wohler nach einer Umstellung und nachdem der Klagevertreter neben ihm stand.

Das Lösungsbild: Es zeigte sich nach der Umstellung und Prozessarbeit, dass das Lösungsbild der Sitzordnung vor Gericht entsprach.

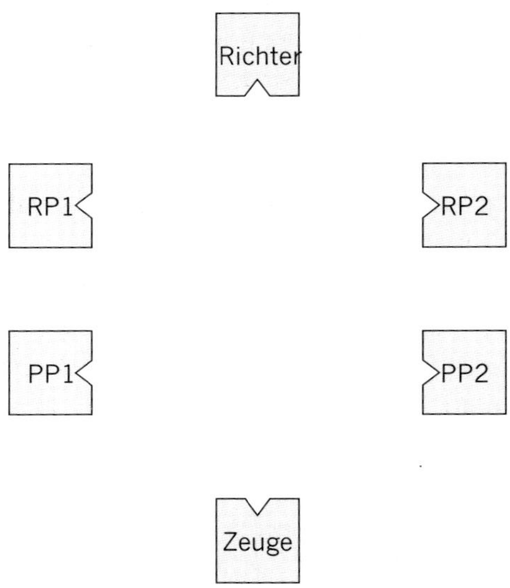

Richter = Richter
RP1 = Rechtsanwalt Partei 1
PP1 = Person Partei 1
RP2 = Rechtsanwalt Partei 2 (Kläger)
PP2 = Rechtsanwalt Partei 2 (Käger)
Zeuge = Zeuge

Bericht des Rechtsanwaltes des Klägers nach Ablauf des Prozesses: Der Rechtsanwalt der Klägerpartei berichtete nach dem Gerichtstermin, dass die Verhandlung ähnlich ablief wie in der Aufstellung. Der Richter entschied zugunsten des Klägers.

Nach der Gerichtsverhandlung stellte sich zusätzlich heraus, dass der Beklagte (Vermieter) in Wirklichkeit gar keine Schönheitsreparaturen durchgeführt hatte und die vorgegebenen Rechnungen fingiert waren.

Juristische Aufstellungen helfen in Konfliktsituationen, Lösungen auf der zwischenmenschlichen Ebene der Streitparteien zu finden. Langwierige und teure Prozesse können u.U. vermieden werden.

Aufstellungen von Drehbüchern und Theaterstücken

In Europa gilt Film als Medium der Intuition, des Spürens. Bei Drehbuchaufstellungen* werden Stücke experimentell durch körperliche Selbstwahrnehmung erprobt und ein überraschend lebendiger Zugang zum Stück hergestellt. Strukturen werden klar und Paradigmen erklären sich. Aus der Vielfalt der Wahrnehmungen erwachsen neue Ideen und Fantasien. Unbekannte Wege eröffnen sich durch Aufstellungen.

Das »normale« Aufstellen im Vergleich zum Drehbuchaufstellen: Beim üblichen Aufstellen mit Berufs- und Familienthemen werden die Beziehungsstrukturen in Systemen mithilfe von Repräsentanten im Raum dargestellt. Die veränderten Körperwahrnehmungen der Repräsentanten – »meine Arme werden ganz schwer, wenn Person X auftaucht«, »Mich zieht es nach draußen, ich möchte lieber gehen«, »Person Y ist mir sehr sympathisch« – geben ein klares und zugleich erstaunliches Bild.

Das Ganze funktioniert auch selbst dann, wenn keine inhaltlichen Informationen (außer Anzahl und Geschlecht der Darsteller sowie minimale Strukturangaben) gegeben werden. Durch räumliche Umstellungen und verbale Interaktionen werden Veränderungsprozesse eingeleitet. In kurzer Zeit ergibt sich Klarheit für die viel-

* Siehe auch M. Varga von Kibéd *Systemisches Kreativitätstraining: Tetralemma-Aufstellungen und Aufstellungsarbeit mit Drehbuchautoren* in dem Buch *Praxis des Familienstellens.*

fältigen Fragestellungen. Aufgestellt werden zum einen konkrete Personen sowie verdeckte Themen, blinde Flecke, Ziele, Dilemmata und Ressourcen. Bei Aufstellungen von persönlichen Anliegen wird in die Entspannung gearbeitet, d.h. es wird versucht, einen Platz zu finden, an dem es jedem Repräsentanten besser geht, um am Schluss ein so genanntes *Lösungsbild*, welches als Kraftquelle wirkt, darzustellen.

Bei Drehbuchaufstellungen wird dagegen umgekehrt gearbeitet. Die zentralen Fragen eines Autors sind z.B.: »Stimmt die Spannung in meinem Stück?«, »Reicht die Aggression aus, damit der Seeräuber den Kapitän umbringt?«, »Kommen die verschiedenen Archetypen und Charaktere richtig raus?« Vor den Augen der Zuschauer wird die ganze Drehbuchgeschichte in Etappen durchgespielt. Dies wird z.B. dadurch erreicht, dass der AL die Anweisung gibt: »Schaut, wo es euch hinzieht und bewegt euch alle, wenn ich sage ›jetzt‹, in die angestrebte Richtung.« Die Repräsentanten werden nach ihrem Befinden am neuen Platz im Raum befragt und geben einen plastischen Eindruck über die jeweiligen Rollen und wichtigen Interaktionen des Drehbuchs. Diese Prozedur wird mehrfach wiederholt, um die verschiedenen Drehbuchakte ablaufen zu lassen.

Welchen Nutzen haben Drehbuchaufstellungen? Eine Drehbuchaufstellung ist für unterschiedliche Stadien der Drehbuchentwicklung sinnvoll: zu Beginn, während des Schreibprozesses und/oder nach Abschluss der Geschichte zur Überprüfung. Schreibblockaden können abgebaut, Geschichtsexposés überarbeitet und *Plot Points* auf Unstimmigkeiten überprüft werden. Charakterzüge der Drehbuchfiguren werden durchleuchtet und Möglichkeiten der Ergänzung, Aufspaltung, Fusion und Ausschluss überflüssiger Rollen aufgezeigt.

So wird z.B. plötzlich die erstaunliche Tragweite der Rolle eines Hundes im Stück klar oder eine bisher nicht einbezogene Person taucht auf und das ganze Stück wird glaubhafter. Erzählperspektiven werden transparenter und der Bezug des Autors zum Stück kann auf Wunsch geklärt werden. Trägt sich der Autor gerade mit dem Gedanken, eine Figur zu streichen, kann es schon mal vorkommen, dass die repräsentierende Figur eine Art Todesangst bekommt. Drehbuchautoren, Dramaturgen, Regisseure und sonstige Personen, die regelmäßig an Aufstellungen als Rollenspieler teilnehmen, schulen ihr Empfinden für andere Perspektiven und unterschiedlichste Emotionen und Wahrnehmungen immens.

Schauspielern erleichtert das Hineingehen in die unterschiedlichsten Rollen den Zugang zum Stück. Auch die geeignete Besetzung für eine Rolle kann in Kürze ausgetestet werden. Es gibt inzwischen Regisseure, die sagen: »Wenn ich zu Beginn einer Inszenierung eine Aufstellung mit jedem der Schauspieler mache, spare ich mir viel Zeit und Geld.«

Mögliche Fragen an Drehbuchaufstellungen:

- Fehlen wichtige Figuren, sind Figuren überflüssig oder stören sie die Handlung?
- Stehen die richtigen Personen im Mittelpunkt des Films?
- Funktionieren die Charaktere auch durch viele Folgen einer Serie?
- Reicht die Spannung zwischen den Figuren für den vorgesehenen Konflikt?
- Welche Hauptcharakterzüge gibt es?
- Wie kann das halb fertige Drehbuch weitergestaltet werden?
- Wie komme ich als Autor in meinem kreativen Prozess weiter?
- Wie ist das Verhältnis zwischen Autor und Drehbuchfiguren?
- Wie kann sich meine Ideenblockade auflösen?

Die Film- und Theaterbranche nutzt das Aufstellen als Instrument zur Überprüfung von Dreh-/Theaterbüchern. Im Gegensatz zu Aufstellungen mit dem Ziel, Konflikte und Verstrickungen aufzulösen, wird hier die Arbeit genutzt, um emotionale

Verstrickungen stärker herauszuarbeiten. Bücher werden auf ihre Stimmigkeit überprüft.

Bei der »Systemischen Aufstellung« wird räumlich nachgestellt, wie die einzelnen Film-Figuren »zueinander stehen«. Je nachdem, ob die Stellvertreter die vorgesehene Film-Dramaturgie bestätigen oder Widerspruch aufzeigen, können Korrekturen vorgenommen werden. Es können auch aufgestellte »Zuschauer« zurate gezogen werden.

Die Methode kann zu verschiedenen Zeitpunkten eingesetzt werden:

- bei der ersten Anlage der Filmfiguren
- um das Entwicklungspotenzial einer Idee abzuschätzen
- bei der Entwicklung eines Drehbuches oder
- während der Inszenierung als letzter Gegencheck der Dramaturgie.

Die Einzelarbeit

Wie funktioniert die Einzelarbeit?

In der Einzelarbeit gibt es die Möglichkeit, z.B. mit Blättern zu arbeiten, welche die einzelnen Positionen repräsentieren. Der Klient legt sie im Raum an den für ihn stimmigen Platz. Im Anschluss stellt er sich dann selbst in die einzelnen Positionen in ursprünglich definierter Blickrichtung. Wichtig ist dabei das Entrollen, bevor er in die jeweilige nächste Position schlüpft.

Der AL kann in der Einzelarbeit auch abstrakte und Strukturaufstellungsformen einsetzen. Voraussetzung ist, dass das Aufstellen gut von ihm beherrscht wird, damit er die notwendigen Wandlungsschritte einleiten kann.

Für Lernende ist das Aufstellen mit Repräsentanten der einfachere Beginn.

Der Einsatz der kataleptischen Hand in der Einzelarbeit

In der Einzelarbeit kann der AL sehr gut die kataleptische Hand einsetzen, um dem Klienten den Kontakt zu anderen Positionen zu erleichtern. Bei verbaler Interaktion zwischen zwei Positionen blickt der Klient sozusagen in die Hand, welche die gegenüberliegende Position repräsentiert und spricht stellvertretend zu ihr. Anschließend wechselt er in den Platz der gegenüberliegenden Position, um die Reaktion der Worte auf den Betreffenden zu überprüfen.

Vorteile der Einzelarbeit

Der Klient spürt sich selbst in jede Position hinein. Von dem, was die Repräsentanten der einzelnen Positionen mitteilen, kann er sich nicht distanzieren und sagen »das stimmt nicht«. Er spürt die Wahrnehmung an der jeweiligen Position sozusagen am eigenen Leib.

Vorteile des Aufstellens mit Repräsentanten gegenüber der Einzelarbeit

In der Gruppenarbeit werden manche Themen durch das Befragen der Repräsentanten von selbst wach. Dies passiert in der Einzelarbeit nicht – es sei denn, der Klient lässt es zu. Zudem können die Stellvertreter oft etwas weiter arbeiten, als es der Klient möglicherweise selbst in der Einzelarbeit zulassen würde.

Das Erlernen der Aufstellungs-arbeit

Welche Voraussetzungen werden benötigt, um eine Aufstellung zu leiten?

Viel Erfahrung ist notwendig

Ein guter Einstieg für Lernende ist das Miterleben von vielen, vielen Aufstellungen in unterschiedlichen Positionen: als Zuschauer, als Repräsentant und als derjenige, der sein Thema aufstellt. Besonders durch das Erleben der Wirkung von eigenen aufgestellten Themen wächst das Verständnis und Vertrauen in die Methode.

Man kann nie genug Aufstellungen miterlebt haben. Jedes Mal gibt es etwas Neues zu sehen, zu lernen und zu erkennen. Es ist gut, verschiedene AL zu erleben. Jeder hat seine besonderen Fähigkeiten und seine eigene Art zu arbeiten entwickelt.

Wie viel Zeit wird benötigt?

Wie lange jemand braucht, bis er soweit ist, die ersten Aufstellungen zu leiten, ist nicht zu sagen. Es gibt Menschen, die sehr schnell den Zugang finden, sehr sensitiv mit dem Feld umgehen und es differenziert wahrnehmen. Für andere ist es ein längerer Weg. Manchmal gepaart mit dem Leidensdruck bei einem eigenen Thema, dem wiederholten Aufsuchen und Aufstellen eigener Themen bis hin zum Erkennen und Entscheiden: »Ich will lernen, Aufstellungen zu leiten.«

Sicherlich spielt die Erfahrung, die jemand im Umgang mit Menschen, Schicksalen und Organisationsprozessen hat, eine wichtige Rolle.

Gibt es mehr oder weniger gut geeignete Personen?

Sicherlich gibt es Menschen, die für diese Arbeit besonders geeignet sind. Meine Empfehlung geht dahin, sich entweder richtig oder gar nicht dafür zu entscheiden. Die Methode ist zu kraftvoll, um damit zu experimentieren.

Jeder sollte für sich ehrlich entscheiden, ob ihm diese Arbeit liegt oder nicht. Normalerweise merkt man dies im Auseinandersetzungsprozess mit der Methode.

Für die Entscheidung, wie tief jemand einsteigt, um Aufstellungen zu leiten, gilt: besser richtig oder gar nicht. Ein bisschen einsteigen ist sicher wertvoll für die persönliche Entwicklung, reicht jedoch nicht für einen professionellen Einsatz.

Was sollte erlernt werden?

Eine wichtige Voraussetzung, um Organisationsaufstellungen leiten zu können, ist das Beherrschen von Familienstellen. Die Dynamik von Aufstellungen ist dort am intensivsten, und man lernt dort am leichtesten, damit umzugehen. Außerdem kann man nie voraussehen, ob ein ursprünglich berufliches Thema nicht zu einem Familiengeschehen führt und dort bearbeitet werden muss. Zusätzlich ist natürlich Erfahrung im Umgang mit beruflichen, organisatorischen und betrieblichen Themen und ein Wissen um spezielle Dynamiken und Ordnungen erforderlich.

Beim Aufstellen beruflicher Themen ist der AL mit sehr vielen Systemen gleichzeitig konfrontiert: den verschiedenen Arbeitssystemeinheiten sowie allen privaten Systemen, die jeder Mitarbeiter mitbringt. Die Vielfalt kann zu Verwirrungen oder auch zu Verschleierung von »dem, um was es wirklich geht« führen. Hier ist Feingespür und Fingerspitzengefühl erforderlich, um Lösungen zu erarbeiten.

Das Beherrschen abstrakter Aufstellungsmethoden hilft, auf die Vielfalt der Themen im beruflichen Kontext einzugehen.

Um mit psychisch kranken Personen aufzustellen, sind therapeutische Kenntnisse notwendig. Eine entsprechende Zusatzausbildung ist empfehlenswert.

Wichtige Voraussetzungen für die Leitung von Organisationsaufstellungen sind:
Das Miterleben vieler Aufstellungen als Klient, Repräsentant und Zuschauer.
Sowohl das *Familienstellen* wie auch das *Organisationsaufstellen* müssen beherrscht werden. Hilfreich ist der Einsatz von *abstraktem* und *verdecktem* Arbeiten. Hierdurch ist der AL gewappnet, um auf die Vielfalt und Bandbreite der Themen im beruflichen Kontext eingehen zu können.

Berufliche, organisatorische und betriebliche Themen sollten dem AL vertraut sein.
Eine wichtige Voraussetzung ist die *Sensitivität* für die Wahrnehmung der aufgestellten Energiefelder.

Übungen

Im Folgenden werden einige Übungen beschrieben, die in Lerngruppen eingesetzt werden können.

I. Übung zur Schärfung der Wahrnehmung

Folgende Übung schärft die Wahrnehmung und Sensibilität und stärkt das Vertrauen in eigene Empfindungen:

Das Aufstellen von zwei Positionen: Eine Person überlegt sich zwei Personen oder auch abstrakte Positionen (das Ja oder Nein, der Kunde – das Produkt, Kollege – Kollegin etc.), die miteinander in Beziehung stehen. Der oder die Aufstellende äußert sich erst mal nicht über die Identität oder Beziehungsproblematik der zwei Positionen. Er/sie stellt diese einfach nach Gefühl im Raum auf.

Beobachtungsrunden: Die Zuschauenden konzentrieren sich auf die zwei Positionen und beschreiben ihre Wahrnehmungen, Gedanken und körperlichen Empfindungen, die aus der Beobachtung resultieren.

Man kann eine oder mehrere Beobachtungsrunden machen. Oft verändert sich bei den zwei Positionen etwas im Verlauf. Manchmal kommt eine Dynamik hinzu, z.B. kann sich die Machtverteilung ändern. Zuerst fühlt sich eine Position überlegen, im Verlauf empfinden sich beide als gleichberechtigt.

Die Beobachtungsrunden kann man beispielsweise differenzieren nach »Äußert jetzt, welche Gedanken und Assoziationen euch kommen.« In einer zweiten Runde fragt man nach: »Welche Körperempfindungen stellen sich beim Zuschauen ein?«

Erfahrungsgemäß werden sehr ähnliche Gefühle von den Zuschauern berichtet. Der eine oder andere hat noch sehr spezielle Beobachtungen mitzuteilen.

Befragen der Repräsentanten

Nach dem Feedback der Zuschauenden kann man die aufgestellten Repräsentanten befragen, wie es ihnen geht. Diese berichten oft, dass sie über die Rückmeldungen schmunzeln mussten. Das, was stimmt, wird als treffend empfunden, alles andere nicht weiter berücksichtigt. Ähnlich wie der Aufstellende, der auch nur das mitnimmt, was aus Feedbackrunden für ihn wichtig ist.

> Lernende des Aufstellens haben berichtet, dass diese Übung sehr hilfreich ist, um die eigene Wahrnehmung zu schärfen und ihr immer mehr zu vertrauen.

II. Übung: Zeitverzögertes Aufstellen des AL

Für Anfänger ist es noch eine Überforderung, eine komplette Aufstellung zu leiten. Zu viele Schritte müssen bedacht werden und haben sich noch nicht eingeprägt. Als sehr hilfreich haben Lernende folgendes schrittweise Herantasten an Interventionen empfunden:

Der AL befragt den Klienten nach seinem Anliegen, entscheidet sich innerlich für einen Aufstellungsvorschlag und lässt den Zuschauenden 30 Sekunden Zeit, eigene Vorstellungen zu entwickeln. Diese können nach der Aufstellung diskutiert werden. Dann macht er seinen Vorschlag und beginnt mit der Aufstellungsarbeit. Sobald Interventionen nötig sind, hält er kurz inne und sagt zur Gruppe: »Was würdet ihr an dieser Stelle tun?« Die Zuschauenden überlegen – jeder still für sich – eine geeignete Intervention.

Die unterschiedlichen Vorschläge sollten möglichst erst nach der abgeschlossenen Aufstellung diskutiert werden, da der Energiefluss der Aufstellung sonst stark gestört werden würde. Der Klient, für den aufgestellt worden ist, entscheidet selbst, ob er bei der Diskussion anwesend sein will oder nicht.

Diese Übung hilft, Sicherheit für eigene Interventionsvorschläge zu gewinnen.

III. Übung

Ein Lernender bietet an, unter »vielfältiger Supervision« aufzustellen. Er leitet den ganzen Prozess und kann im Notfall den kundigen AL um Rat fragen. Die Zuschauenden bekommen die Aufgabe, sich zu merken:

- Was war gut?
- Was hätte ich anders gemacht?

Oft ergibt sich im Anschluss eine sehr fruchtbare Diskussion über geeignete und ungeeignete Interventionen. Der Lernende erlebt, wie es ist, unter »echten Bedingungen« aufzustellen und erhält viele Anregungen.

Eine weitere Vertiefungsmöglichkeit wäre, die Zuschauer aufzufordern, ihre Beobachtung auf unterschiedliche Details zu konzentrieren:

- Verbale Interaktion
- Stellungsarbeit
- Sonstige Prozesse
- Energiedichte
- ...

Aus Fehlern lernt man. Wer einmal etwas »falsch« gemacht hat, weiß es in Zukunft »besser«.

Beispiele von Aufstellungsarbeit im beruflichen Kontext*

Was hat die Ursprungsfamilie mit meinem Arbeitsplatz zu tun?

Das Anliegen

Frau Kantner** (25) hatte vor zwei Wochen ihre neue Arbeitsstelle begonnen. Sie wurde schon von ihrer Chefin gefragt, warum sie sich als Außenseiterin verhält. Frau Kantner kannte das Problem der Außenseiterin schon von früheren Arbeitsstellen.

Was wurde aufgestellt?

Es wurde nicht nach Gründen in der momentanen Arbeitssituation gesucht, es wurde gleich die Ursprungsfamilie der Klientin aufgestellt.

Was zeigte sich?

Der Focus der Klientin stand – als einziges Mitglied einer sehr großen Familie mit fünf Kindern – sehr weit außerhalb des Familiensystems. Er hatte kaum Kontakt zu den anderen Familienmitgliedern. Die Repräsentantin fühlte sich als Außenseiterin.

---

* Die folgenden Aufstellungen wurden von der Autorin geleitet. Anonymisiert werden grundlegende Dynamiken aufgezeigt.

** Name geändert

Sehr häufig zeigt sich beim Aufstellen, dass der Platz, den man in der Ursprungsfamilie innehat und der bekannt ist, wieder am Arbeitsplatz eingenommen wird. Er wird sozusagen gesucht, gefunden oder kreiert. Gerade für sehr junge Leute ist es daher äußerst wertvoll, bei sich wiederholenden Problemen am Arbeitsplatz einen Blick auf die Familiensituation zu werfen. So können vielfältige Wiederholungen von sich ähnelnden Problemen am Arbeitsplatz vermieden werden, wenn die Ursache erkannt und Lösungsalternativen entwickelt worden sind.

Was hat der Platz im Arbeitssystem mit dem Platz in der Ursprungsfamilie zu tun?
Häufig nehmen Menschen in der Arbeit einen Platz ein, der dem in der Ursprungsfamilie entspricht. Gleiches Verhalten wird nachgelebt. Durch Aufstellungen kann dies erkannt werden. Aus dem Finden eines besseren Platzes in der Ursprungsfamilie entwickeln sich Lösungen für die Arbeitsplatzsituation.
Wenn es schwierig wird mit Kollegen, kann es sein, dass es auch mit dem Vater und/oder der Mutter zu Schwierigkeiten kam bzw. noch immer welche bestehen.

Eine berufstätige Mutter: Wie bekomme ich Berufs- und Privatleben unter einen Hut?

Das Anliegen

Eine junge und engagierte Beraterin (33) aus Düsseldorf und Mutter einer kleinen Tochter (3) kommt mit der Frage zum Aufstellen: »Mich plagt ständig das schlechte Gewissen. Meine Arbeit macht mir so viel Spaß, jedoch habe ich das Gefühl, dass meine Tochter zu kurz kommt. Mein Mann ist selbst sehr viel weg. Somit kann er mich nicht entlasten.«

Die aufgestellten Positionen

Aufgestellt wurden insgesamt fünf Positionen:

- der Focus (Mutter)
- die Tochter
- der Vater

im 2. Schritt

- die Arbeit der Frau

später dann noch

- die Großmutter

1. Aufstellungsbild

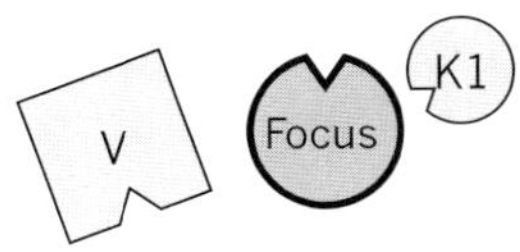

Focus = Mutter
V = Vater
K1 = Tochter
Arb. = Arbeit
GM = Großmutter

Focus: Mein Mann ist nicht präsent. Die Tochter steht mir zu nahe.
Vater: Ich möchte meine Frau sehen. (Er schaut in die Außenwelt Beruf, Pflicht.)
Tochter: Mir geht's schlecht. Ich vermisse meinen Vater. – Ich will die Mutter nicht anschauen.

2. Schritt: Die Arbeit wird dazugestellt

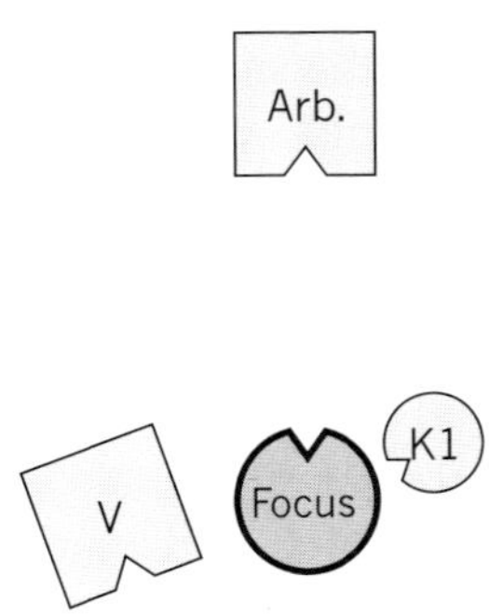

Focus = Mutter
V = Vater
K1 = Tochter
Arb. = Arbeit
GM = Großmutter

Focus: Sie gibt mir sehr viel (und schaut dabei auf die Arbeit).
Arbeit: Ich fühle mich in direktem Kontakt zum Focus.
Vater: Ich bin eifersüchtig auf die Arbeit.
Focus: Das geschieht ihm gerade recht. Weil du dich so viel um deine kümmerst, habe ich die meine.

(Klientin von außen: Das stimmt.)

Tochter: Mir geht's schlecht. Welchen Platz habe ich in dem System, die kümmern sich nur um ihre Arbeit, die spinnen wohl.
Vater: Er sieht auf etwas in der Ferne, es ist jedoch zu weit weg, als dass er darauf Einfluss nehmen kann.

2. Aufstellungsbild (Stellungsveränderung durch AL)

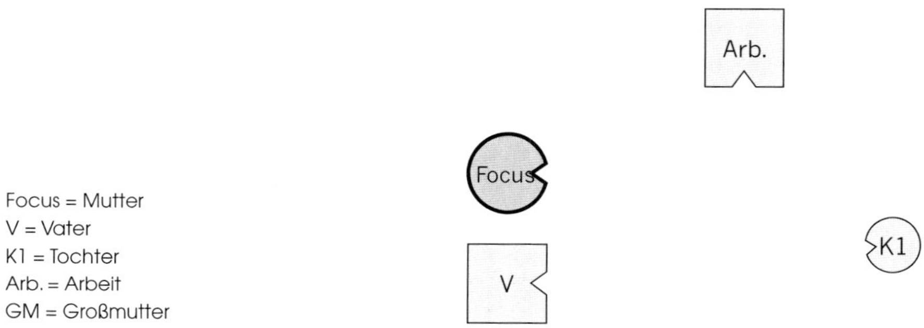

Tochter: Ich hatte zuvor das Gefühl, mich auszuklinken. –
Schön, dass sie da sind, aber ich glaube es nicht ganz.
Vater: Er hat seine Frau noch gar nicht gesehen.
Der AL lässt sie zueinander sehen und sich etwas näher zueinander zuwenden.

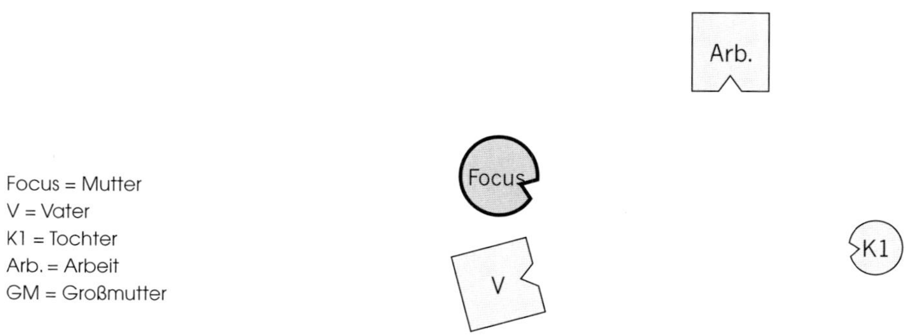

Focus: Meine Tochter ist mir zu weit weg.
Tochter zur Mutter: Du bist meine Mutter und ich bin deine Tochter. (Das gleiche sagt sie zum Vater: Du bist mein Vater ...). Ich bin nur das Kind. Ich bin kein Ersatz für ihn (sie deutet dabei auf den Vater).
Focus zur Tochter: Du hast einen großen Platz in meinem Herzen.
Vater zur Tochter: Auch in meinem Herzen hast du einen großen Platz.
Tochter: Jetzt geht's mir gut. (Sie will nun näher ran.)

Die Klientin wird an die Stelle des Focus gestellt. Sie möchte ihrer Tochter noch etwas mitteilen.
Klientin zur Tochter: Wenn du mich brauchst, bin ich für dich da.
Tochter hat das Bedürfnis, zur Mutter zu sagen: Ich bin die Kleine und du die Große.

Die AL stellt die weibliche Linie hinter die Klientin. Dies stabilisiert sie sofort.

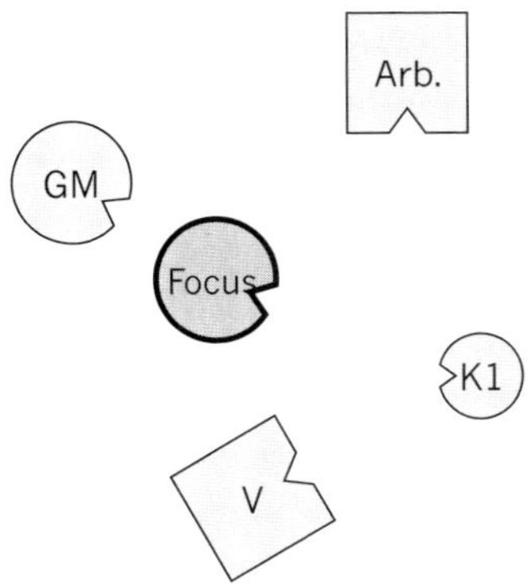

Focus = Mutter
V = Vater
K1 = Tochter
Arb. = Arbeit
GM = Großmutter

Tochter zur Mutter: In eure Beziehung mische ich mich nicht ein. Das geht mich nichts an.

Beruf – Familie
Sehr oft sind berufliche Themen eng mit dem Familiensystem verknüpft. Großes berufliches Engagement hat Einfluss auf die Familie. Störungen können jedoch auch ursächlich in der Familienkonstellation liegen.

Das, was zuletzt dazugestellt wird
Will man die Wirkung von einer Person oder einem Element (Aufgabe, die Arbeit, das Ziel etc.) auf die anderen aufgestellten Positionen sehen, ist es günstig, diese am Schluss dazuzustellen. Die Repräsentanten werden aufgefordert sich zu merken, was die zuletzt dazugekommene Position bei ihnen bewirkt.

Mein Ziel

Das Anliegen

Frau S., die mit Aufstellungen sehr vertraut ist, möchte sich durch die Aufstellungsarbeit anschauen, was sie hindert, ein ihr sehr wichtiges berufliches Ziel zu erreichen. Es handelte sich um ein Ziel, das von ihr nicht genauer in der Gruppe spezifiziert wurde. Das Ziel wollte von der Klientin in absehbarer Zeit erreicht werden.

Was wurde aufgestellt?

Es wurde eine komplette Zielaufstellung (eine Strukturaufstellungsform) mit folgenden Elementen durchgeführt:

- Focus (Frau S.)
- Ziel
- Aufgabe, die nach der Zielerreichung dran ist
- Hindernisse (2)
- Ressourcen (2)
- Gewinn durch eine Nicht-Zielerreichung

Erstes Aufstellungsbild

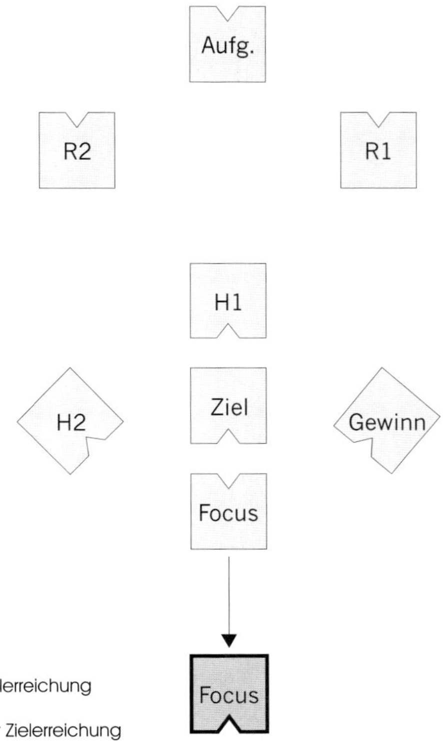

Focus = Klientin
Ziel = Ziel (Großmutter)
H1 = Hindernis 1
H2 = Hindernis 2
R1 = Ressourcen 1
R2 = Ressourcen 2
Gewinn = Gewinn durch eine Nicht-Zielerreichung (Großvater)
Aufg. = Aufgabe, die dran ist nach der Zielerreichung

Die Befragung der Repräsentanten

Focus: Der Focus fühlt sich niedergedrückt und schwer, eingeengt und traurig: Eigentlich wollte ich gerne atmen. – Ich habe fast keinen Platz. (Dreht sich um.)
Ziel: Mir ist schlecht. (Das Ziel fühlt sich eingeengt und nach vorne gedrückt, eingezwängt, und hat einen Kloß im Hals. Es kann den Focus nicht anschauen, schaut auf seine Füße.)
Gewinn: Mir geht es supergut. (Der Gewinn fühlt sich groß und kraftvoll. Er lacht sich eins, lacht über den Focus. Das Ziel ist ihm wichtig.)
Hindernis1: (Das Hindernis 1 ist ärgerlich. Es möchte das Ziel schubsen, fühlt sich wackelig.)

Hindernis 2: Mir ist sehr warm. (Das Hindernis 2 steht eher hilflos herum. Es hat keinen Kontakt zum Ziel und weiß nicht, was es tun soll.)
Ressource 1: (Ressource 1 ist traurig. Sie hat keinen Kontakt zu dem hinter ihm.) Da gibt's nichts zu tun.
Ressource 2: (Ressource 2 fühlt sich nicht anwesend und empfindet Druck im Kopf.)
Aufgabe: (Die Aufgabe ist am Schwanken und total traurig.) Schade, dass wir nicht in Bewegung kommen.

Das Lösungsbild

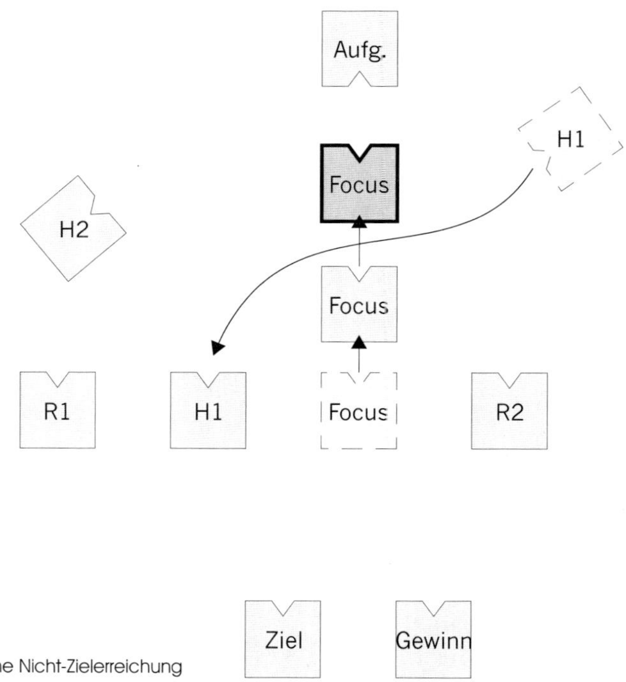

Focus = Klientin
Ziel = Ziel (Großmutter)
H1 = Hindernis 1
H2 = Hindernis 2
R1 = Ressource 1
R2 = Ressource 2
Gewinn = Gewinn durch eine Nicht-Zielerreichung (Großvater)
Aufg. = Aufgabe, die dran ist nach der Zielerreichung

Aufgabe: Ich finde alles spannend und vielschichtig. – Eins nach dem andern. – Ich warte.

Hindernis1: Ich habe Angst zu versagen. – Ich habe Angst, du gehst ohne mich. (Das Hindernis 1 geht an einen anderen Platz.)
Ressource 1: (Die Ressource 1 hat Kontakt zum Focus. Sie empfindet Freude.) Es fühlt sich spielerisch an.
Ressource 2: Ich bin nicht so happy mit dem Focus. Er ist mir zu lasch. – Der Focus kommt nicht in die Puschen.

Prozessarbeit zwischen Ziel + Gewinn + Focus

Ziel und Gewinn entpuppen sich als großväterliche und großmütterliche Qualität. Die Enkelin dreht sich zu ihnen um und verneigt sich mit den Worten. »Ihr vor mir und ich nach euch.« Die Energie kommt ins Fließen und die Enkelin dreht sich wieder Richtung Aufgabe mit den Worten: »Jetzt gehe ich meinen Weg.«

Focus zu Ressource 1: Du hast einen Platz an meiner Seite, ich nehme dich mit, wenn ich jetzt weitergehe.
Ressource 1 ist erleichtert.
Der Focus geht langsam auf die Aufgaben zu.

Verdecktes Arbeiten

Verdecktes Arbeiten ermöglicht dem Klienten, unter großem Schutz aufzustellen.
Ist er mit dem systemischen Arbeiten vertraut und formuliert er eine klare und energetisch überzeugende Frage, kann der AL damit arbeiten.
Manchmal sind zusätzliche Informationen während der Aufstellung von Seiten des Klienten für den AL notwendig, manchmal nicht.

Zielaufstellung

Die Zielaufstellung eignet sich, um ausführlich an einer Zielerreichung/Problemlösung zu arbeiten. Hindernisse, verdeckter Gewinn und Ressourcen werden integriert.
Während der Aufstellung kann sich herausstellen, dass ursprüngliche Ziele durch ein neues adäquates Ziel (hier im Beispiel durch die Aufgabe) ersetzt werden.

In Aufstellungen zeigt sich manchmal, dass Klienten von anderen Personen des Systems, z.B. aus der Ursprungsfamilie oder auch dem Gegenwartssystem, stark beneidet werden. Dies kann in der privaten oder beruflichen Entwicklung unbewusst oder auch manchmal bewusst stark bremsen.

Anliegen 1

Eine Klientin kam mit folgendem Anliegen: Sie wollte wissen, warum sie ihren beruflichen Erfolg nicht langfristig halten konnte. Mehrmals in ihrem Leben hatte sie sehr große berufliche Projekte aufgebaut. Nach kurzer Erfolgsphase waren sie jedoch aus unterschiedlichen Gründen wieder beendet. Es passierte etwas, was eine Fortführung des Projektes verhinderte.

Die Aufstellung

In der Aufstellung wurden zuerst die Klientin und der Erfolg aufgestellt. Beide hatten keinen Blickkontakt zueinander und spürten sich auch nicht. Die Klientin schaute in eine andere Richtung. Es war ihre Mutter, die an dieser Stelle auftauchte. Es zeigte sich, dass ihre Mutter sie sehr um ihr privates Glück beneidete und ihr auch den beruflichen Erfolg missgönnte. Obwohl ihre Tochter extrem litt, war sie nicht zu einer wohlwollenden Haltung bereit. Das Hinzustellen der Großmutter verstärkte den Konflikt. Es zeigte sich, dass die Mutter das gleiche Verhalten, das sie gegenüber der Tochter zeigte, wiederum von ihrer Mutter gewohnt war. Daher konnte sie es nicht anders weitergeben. Ein Rückgaberitual der Tochter an die Mutter brachte eine erste Erleichterung. Die Tochter konnte sich daraufhin dem Erfolg zuwenden mit den Worten: »Ich lass es bei dir. Es ist deins. Bitte schau mir freundlich dabei zu, wenn ich meinen Weg gehe.«

Anliegen 2

Ein zweiter Fall zeigte eine andere Dynamik: Frau Werner hatte das Problem, sich auf die Nähe und eine Beziehung zu Männern einzulassen. Sie hatte das Gefühl, dass dies ihre Mutter nicht erlaubte. Der Mutter zuliebe brach sie jeden Kontakt ab, sobald zu viel Nähe und Kontakt im Spiel war. In der Aufstellung zeigte sich, dass die Mutter – nachdem die Tochter aufhörte, sich in die Beziehung der Eltern einzumischen – ihr sehr wohlwollend gegenüber war. Sie freute sich, als die Tochter ihren Weg ging.

Die Tochter brauchte eine Weile, bis sie dies glauben konnte. Wichtig waren die Sätze »Eure Beziehung geht mich nichts an. Ich bin nur das Kind«. Dies ermöglichte den Blick in die eigene Richtung, das Gehen des eigenen Lebenswegs und das Einlassen auf eine neue Partnerschaft.

Neid

Neid einer Person aus der Ursprungs- und Gegenwartsfamilie kann das berufliche und private Weiterkommen stark bremsen. Es kann jedoch auch sein, dass sich ein Klient tendenziell selbst bremst und hemmt aus der Vermutung heraus, »er oder sie erlauben es nicht«. Die Aufstellung zeigt dann, ob die Vermutung richtig ist oder nicht.

Mein Dilemma

Das Anliegen

Frau Meister (45) war sehr unglücklich über die interne Versetzung in ihrem Unternehmen. Sie hatte elf Jahre eine Arbeit gemacht, die ihr viel Spaß bereitete. Ihr Vorgesetzter hatte sie fünf Monate zuvor, nach ihren Schilderungen, »zwangsweise« versetzt. Sie fühlte sich zum Zeitpunkt der Aufstellungsarbeit am neuen Platz sehr unwohl und trauerte dem alten und vertrauten Arbeitsplatz nach.

Was wurde aufgestellt?

Ihr Dilemma wurde aufgestellt:

- Das Eine: »Die Freude«
- Das Andere: »Die Pflicht«
- Der Focus (Klientin)

(Elemente aus der → Tetralemmaaufstellung)

Die Klientin stellte die Elemente frei im Raum auf.

Erstes Bild

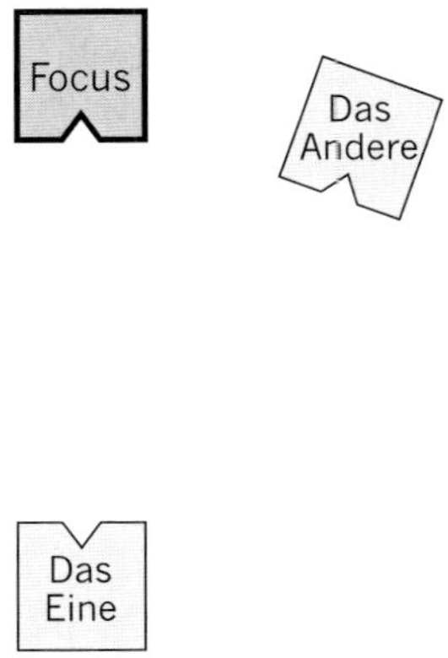

Focus = Klientin
Das Eine = Die Freude
Das Andere = Die Pflicht

Der Focus fühlte sich stark bedrängt von der Pflicht. Sie war ihm sehr unangenehm. Er wollte zur Freude.

Die Freude brach in Tränen aus, als sie den Focus so nahe bei der Pflicht stehen sah. Sie hatte Angst um ihn.

Lösungsbild

Das Eine und das Andere wurden entsprechend der im Tetralemma üblichen Form einander gegenüber gestellt. Der Focus wanderte zwischen den zwei Positionen einige Male hin und her. Er stellte sich gegenüber dem Anderen und konnte sagen: »Jetzt sehe ich dich zum ersten Mal.« Das Andere sagte zum Focus: »Ich bin dir wohlgesonnen.« Es fiel dem Focus noch schwer, dies zu glauben. Das Eine beruhigte sich langsam. Am besten ging es dem Focus zuerst links neben der Freude. Beide strahlten sich an.

Zum Ende der Aufstellung ging es dem Focus am besten, wenn er sich mit Blickkontakt vor die Freude stellte. Er spürte die Pflicht im Rücken. Die Freude sagte: »Die Pflicht im Rücken stärkt dich.«

Die Klientin verfolgte die Aufstellung von außen und konnte sehr stark mitgehen. Es reichte ihr, das Lösungsbild von außen aufzunehmen.

Focus = Klien-in
Das Eine = Die Freude
Das Andere = Die Pflicht

Tetralemma
Es ist möglich, mit Teilen einer Tetralemmaaufstellung zu arbeiten.

Warum fällt es mir so schwer, Entscheidungen zu treffen?

Das Anliegen

Eine Geschäftsfrau (45) kommt mit dem Anliegen zum Aufstellen: Sobald ich eine Entscheidung treffen muss, werde ich ganz unsicher. Ich kann alle Vorinformationen einholen und diese vorbereiten. Die Entscheidung selbst kann ich nicht treffen. Das überlasse ich meinem Mann, mit dem ich zusammenarbeite.

Sie war gerade dabei, für das gemeinsame Büro eine neue Büromöbelausstattung auszusuchen und schwankte zwischen zwölf Alternativen.

Die Aufstellung

Sie stellte einen Focus für sich im Raum auf und setzte sich. Ich bat zwölf Zuschauer, sich einen Platz im Raum zu suchen als jeweils eine der zwölf Möglichkeiten. Eine Variante, auf die ich gerne zurückgreife, um schnell die breite und vielfältige Wirkung z.B. auf Kunden, Publikum etc. auszutesten. Erfahrungsgemäß gibt dies eine große Spannbreite von möglichem Feedback.

Sofort war eine sehr dumpfe Energie im Raum. Es wurde viel von Nackenschmerzen und unangenehmem Befinden gesprochen. Keiner der Aufgestellten fühlte sich wohl. Der Focus fühlte einen Sog in eine Richtung. Ich bat die zwölf Repräsentanten, sich wieder zu setzen, da ich das Gefühl hatte, dass sie das Grundgefühl der Repräsentantin einfach verstärkten und arbeitete mit ihr und »dem, was sie beschäftigte« und zu dem sie schaute weiter.

Die Lösung

Als das neue Element dazugestellt wurde, zu dem sie im ersten Bild schaute, stellte sich heraus, dass ihre Entscheidungsangst damit zusammenhing, dass sie vor einigen Jahren erst erfahren hatte, dass ihr vermeintlicher Vater nur ihr Stiefvater ist und es einen anderen, leiblichen Vater gab. Sie hatte schon Kontakt zu dem leiblichen Vater aufgenommen, war jedoch noch voller Vorwurf. Er war im Ausland gewesen. Die Mutter hatte entschieden, ihrer Tochter lange nichts von ihrem Vater

zu erzählen. Ihr Stiefvater zeigte sich in der Aufstellung gegenüber der Kontaktaufnahme der Stieftochter zum leiblichen Vater wohlgesonnen. Er hatte keine Verlustängste, wohingegen der Focus dachte, er müsste zwischen den beiden eine Entscheidung treffen. Dies bewirkte die Zerrissenheit der Klientin bei anstehenden Entscheidungen. Nach längerer Prozessarbeit kam der erste Kontakt zwischen Vater und Tochter zustande. Die Mutter erlaubte dies und konnte sich zurückziehen.

Entscheidungsunsicherheiten
Entscheidungsunsicherheiten können mit sehr persönlichen und tiefgründigen Erfahrungen im Ursprungssystem zusammenhängen. Eine berufliche Entscheidungssituation kann durch familiäre Ursprungsstrukturen mit beeinflusst werden.

Personalentscheidungen

Anliegen

Herr Arndt (48), Geschäftsführer eines kleinen mittelständischen Unternehmens mit 20 Angestellten, hatte folgendes Anliegen: Der Gründer des Unternehmens, Herr K., hatte vor Jahren die Schwester seiner Frau im Unternehmen angestellt. Zu 50 Prozent arbeitete sie für den Gründer, zu 50 Prozent sollte sie für ihn tätig sein. Herr Arndt hatte den Eindruck, Frau Albrecht kümmerte sich nur um ihre Privatangelegenheiten. Es würde seine Autorität als Geschäftsführer untergraben, wenn er dies bei Angestellten in seiner Firma duldet. Angeblich hatte er keine neuen Aufgaben für sie. Er wusste keine Lösung für die Situation und ärgerte sich seit langem maßlos darüber.

Was wird aufgestellt?

Aufgestellt wurden

- der Gründer
- Herr Arndt, der Geschäftsführer/GF (Focus)
- die Mitarbeiterin, Frau Albrecht

Später noch
- die Schwester

Was zeigte die Aufstellung?

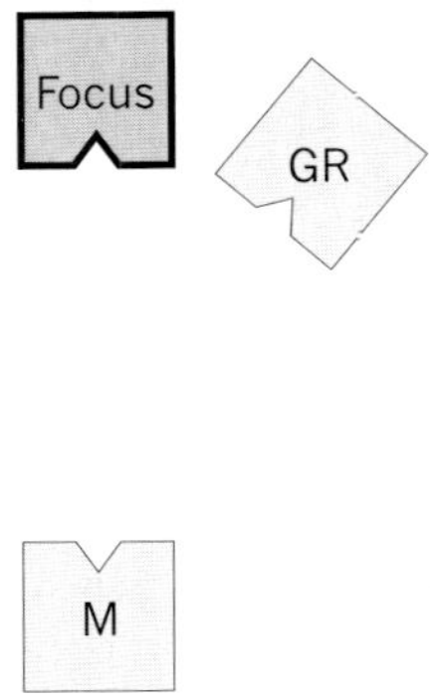

Focus = Geschäftsführer (Hr. Arndt)
GR = Gründer
M = Mitarbeiterin (Fr. Albrecht)

GF: Mich zieht es nach hinten.
Auf Nachfragen stellte sich heraus, dass der Sog nach hinten nicht durch Frau Albrecht verursacht wurde, sondern durch etwas anderes im Rücken.
Gründer: Der Konflikt interessiert mich nicht. (Der Gründer schaute woanders hin.)
Frau Albrecht: Ich fühle mich soweit wohl.

Interventionen

Der Geschäftsführer:

Dem GF wurde eine Kraftquelle in den Rücken gestellt. Sie entpuppte sich als sein Großvater.

GF äußerte sich: Auf einmal kann ich gerade stehen. Ich freue mich, meinen Großvater zu sehen.

Der GF blickte ihn lange an und sagte dann: Jetzt gehe ich meinen Weg.

Der Gründer:

Er wurde rechts neben den GF gestellt und sagte: Jetzt habe ich plötzlich Kontakt zu beiden.

Er traute sich jedoch nicht, bezüglich der Mitarbeiterin Frau Albrecht eine klare Entscheidung zu treffen. Es stellte sich heraus, dass die Schwester von Frau Albrecht, die Ehefrau des Gründers, im Aufsichtsrat war.

Frau Albrecht:

Die Mitarbeiterin Frau Albrecht meinte etwas für den GF zu tragen und sah dies als ihre Aufgabe im Unternehmen an. Bei einem durchgeführten Rückgaberitual konnte es der GF nicht nehmen. Es stellte sich heraus, dass das Getragene ihrer Schwester gehörte.

Etwas später: Als der GF Frau Albrecht ihre Aufgaben im Unternehmen vorstellte, sagte sie: Jetzt sehe ich zum ersten Mal die Aufgabe.

Und noch später: Mir geht es mit den Aufgaben sehr gut, und ich möchte gerne hier bleiben.

Die Schwester von Frau Albrecht, die zwischenzeitlich dazugestellt worden war, sagte: Ich bin eifersüchtig auf sie (und zeigte dabei auf ihre Schwester, Frau Albrecht. Ihren Mann nahm sie nicht ernst.)

Später zeigte sich der Grund für ihre Eifersucht: Ihr Mann zeigte großes Interesse an ihrer Schwester.

Ergebnis der Aufstellung für den GF:

Der GF fand Zugang zu einer für ihn wichtigen Kraftquelle, dem Großvater. Er erkannte, welche Ausmaße die familiären Verstrickungen haben und sah, warum ihm der Firmengründer bisher keine Entscheidungsunterstützung gab. Er erkannte, dass es ihn in Wahrheit geärgert hat, dass »seine« Angestellte so mit den familiären Verstrickungen beschäftigt war und ihn kaum wahrnahm.

Die familiären Verstrickungen des Gründers, seiner Frau und Frau Albrecht wurden in dieser Aufstellung nicht weiter untersucht, da von keinem der beiden ein Auftrag hierfür vorhanden war.

Familienunternehmen
Das Einstellen von Verwandten in der gleichen Firma ist problematisch. Die dabei zwingende Durchflechtung der familiären Ordnung mit der organisatorischen Ordnung führt unweigerlich zu Konflikten.

Wie weit arbeite ich?
Bei Organisationsaufstellungen muss man entscheiden, wie weit man geht. Kommen sehr persönliche Verstrickungen von nicht anwesenden Unternehmensmitgliedern ans Tageslicht, fehlt sowohl Information als auch der Auftrag, daran weiterzuarbeiten.

Übernommene Lasten
Auch im beruflichen Kontext können übernommene Lasten eine Rolle spielen.

Welche Aufgaben habe ich nach der Fusion?

Das Anliegen

Der Geschäftsführer und Gründer einer PR-Agentur mit 35 Angestellten, die seit 25 Jahren besteht, hatte sich entschieden, fünf Jahre vor seinem geplanten Ruhestand eine Fusion mit einer größeren Agentur in einer anderen Stadt einzugehen. Es wurde eine GmbH gegründet. Plötzlich war er angestellt und bekam ein Festgehalt. Früher war eine seiner Hauptaufgaben die Akquisition gewesen.

Er war sehr stolz auf das, was er geschaffen hatte, und war diesen Schritt gegangen, weil er für seine Mitarbeiter dadurch langfristigere Chancen sah. Momentan fühlte er sich sehr unsicher mit den neuen Strukturen, hatte einen Chef über sich, der bei Kleinigkeiten wie Büromöbelgestaltung etc. gefragt werden musste. Sein Anliegen war, herauszufinden, wo für ihn persönlich die neuen Betätigungsfelder liegen. Sie waren ihm noch sehr unklar.

Was wurde aufgestellt?

Aufgestellt wurden der Focus für den Gründer, die alten Aufgaben (Das Alte) und die neuen Aufgaben (Das Neue). Im Verlauf der Aufstellung wurden die Mitarbeiter, für die er diesen Schritt unter anderem gegangen war, dazugestellt.

Was zeigte sich im Aufstellungsverlauf?

Der Kontakt des Focus zum Alten war sehr intensiv. Er ging extra nochmals auf das Alte zu und würdigte es. Das Alte war einverstanden, dass er sich dem Neuen zuwandte. Das Neue schätzte das Alte. Es gab keine Eifersucht.

Zu Beginn war noch ein sehr unklarer Kontakt zum Neuen. Er wurde etwas klarer, als der Focus sich räumlich und mit Blicken dem Neuen zuwandte.

Mehr Klarheit entstand, als die Angestellten dazugestellt wurden. Sie waren sehr auf das Neue fixiert. Dadurch gab es eine gewisse Spannung beim Focus des Gründers. Es wurde sehr offensichtlich, dass durch die Unklarheit der Personalverantwortung, d.h. wer letztendlich die personelle Weisungsbefugnis hatte, Unsicherheit bestand.

Die Mitarbeiter hatten ein Problem mit dem Gründer. Sie fühlten sich »bevatert«. Als hinter dem Gründer ein neues Element auftauchte (Test), stellte sich heraus, dass sie ihn mit etwas – vermutlich etwas sehr Persönlichem – verwechselten. Sie sagten zum Gründer den Satz: »Ich habe dich verwechselt.« Sofort verschwand die Aggression der Mitarbeiter. Als dies geklärt war, konnten sich sowohl Mitarbeiter als auch Gründer klar dem Neuen zuwenden.

Der Gründer sprach gegenüber dem Neuen an, was noch geregelt werden musste (die Personalverantwortung). Daraufhin konnte er sagen: »Ich freue mich auf das Neue, was kommt, und die neuen Herausforderungen.« Das Alte wollte der Focus (Gründer) in der Nähe wissen, konnte jedoch nun klar mit dem Neuen Kontakt aufnehmen.

Der Klient stellte sich zum Abschluss in das Lösungsbild.

Lösungsbild

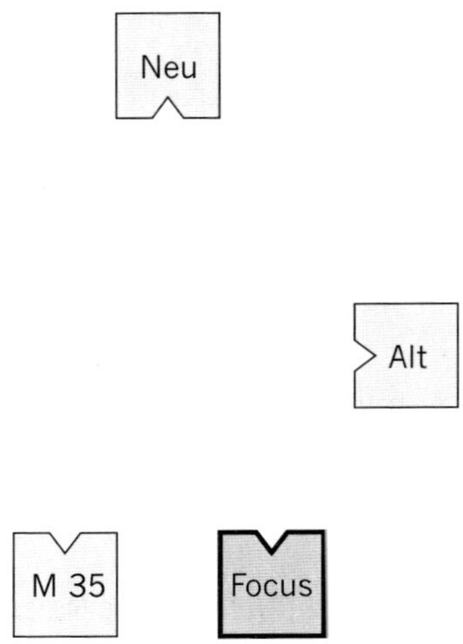

Focus = Gründer
Neu = Das Neue
Alt = Das Alte
M 35 = Mitarbeiter (35)

Altes und Neues

Wandlungsschritte brauchen Zeit.
Das Alte muss gewürdigt werden, damit das Neue eine Chance hat.

Unternehmensübergaben

Aufstellungsarbeit eignet sich sehr gut für Fragen rund um Unternehmensübergaben.

Verwechslungen

Mitarbeiter können auf ihre Chefs sehr persönliche Dinge übertragen. Sie können mit der eigenen Vaterbeziehung zusammenhängen. Ein Mitarbeiter, der seinen eigenen Vater nie kennen gelernt hat, sucht/sieht beispielsweise eine Art Vaterersatz in seinem Vorgesetzten.

Reaktionen der Kunden auf das neue Produkt

Das Anliegen

Ein Trainer (36) möchte mehr über den aktuellen Stand seines neuen Trainingskonzeptes erfahren: »Ich konzipiere gerade ein neues Trainingskonzept (Produkt) für Manager und möchte gerne wissen, wie potenzielle Kunden darauf reagieren und ob es so ankommt. Es gibt schon einen konkreten Auftrag für das Produkt. Es soll auch noch anderen Auftraggebern angeboten werden.«

Die Aufstellung

Der Trainer stellt sich und das Produkt im Raum auf und setzt sich daraufhin. Die restlichen Zuschauer werden vom AL aufgefordert, sich selbst einen Platz im Raum als ein jeweils potenzieller Kunde (1-7) zu suchen.

Erstes Bild

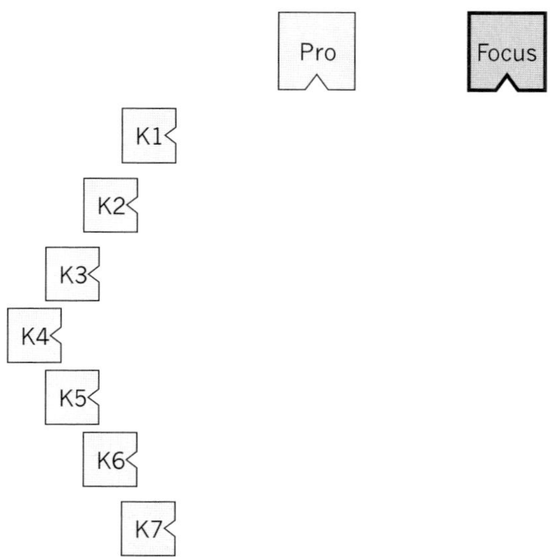

Focus = Trainer
Pro = Produkt
K1-K7 = potenzielle Kunden

Focus (Trainer):

Oh, das Produkt ist mein Sorgenkind. – Es hat viele Erwartungen an mich. – Ich bin gespannt auf die Reaktion der Manager und deren Einstellung. – Ich habe das Gefühl, sie (die potenziellen Kunden) schauen kritisch. – Ich möchte wissen, was Sache ist. –Zum Produkt habe ich im Moment keinen großen Bezug. – Hier ist etwas total unstimmig.

Produkt:

Ich fühle einen Sog nach hinten. – Ich habe kaum Kontakt zum Focus. – Ich habe Kontakt zu den potenziellen Kunden 6+7. – Ich habe nur Interesse am Focus.

Kunden:

1. Kunde: Ich habe Interesse am Thema und warte auf eine Entscheidung. Leg los! (zum Trainer).

2. Kunde (blickt zum Focus): Ich bin neugierig, was er so bringt – themenunabhängig. – Das Interesse an der Person ist größer als am Thema.

3. Kunde: Ich bin abwartend. – Schauen wir mal.

4. Kunde: Ich habe mehr Interesse am Produkt. – Wenn es fertig ist, werden wir entscheiden.

5. Kunde: Was ist mein Nutzen? – Was bringt es mir? – Das Produkt wirkt auf mich diffus und unprofessionell.

6. Kunde: Mich interessiert das Produkt. – Das Produkt ist nicht schlecht. – Den Focus empfinde ich momentan als Hindernis.

7. Kunde: Ich habe großes Vertrauen zum Focus. – Durch den Kontakt komme ich weiter. – Die Persönlichkeit des Trainers interessiert mich.

Zweites Bild:

Es wurde ein Stellungswechsel vorgenommen: Das Produkt stellt sich auf die linke Seite des Focus. Sofort geht es beiden besser.

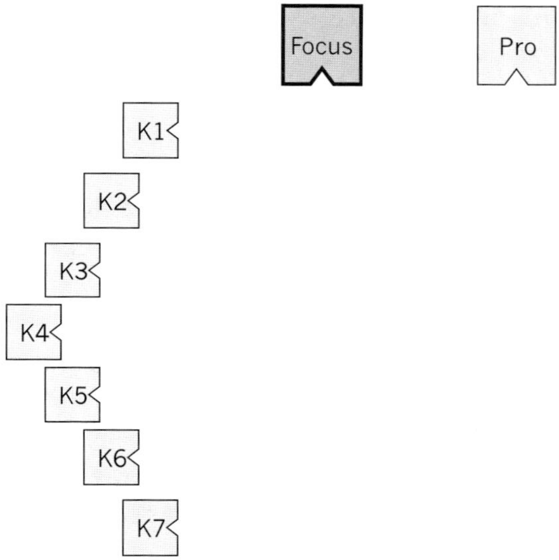

Focus = Trainer
Pro = Produkt
K1-K7 = potenzielle Kunden

Und der Focus sagt zum Produkt: Jetzt setze ich mich nochmals in Ruhe mit dir auseinander.

Der zuschauende Klient (Trainer) äußert sich: Die Aufstellung hat meine Frage beantwortet. Ich muss mich nochmals in Ruhe um das Produkt kümmern.

Ergebnis für den Trainer

Die Aufstellung zeigte für den Trainer sehr deutlich, dass das Produkt noch nicht ausgereift ist und er sich nochmals gründlich damit auseinander setzen muss. Das Feedback der potenziellen Kunden ermöglichte ihm, den Status quo seiner Bemühungen rund um das neue Produkt, z.B. Produktgestaltung, Optimierung, Positionierung, Angebot etc., genauer einschätzen zu können. Er erkannte unter den Reaktionen bekannte Aspekte aus Verhandlungen mit einem Auftraggeber wieder.

In der kurzen Feedbackrunde im Anschluss an die Aufstellung erzählte der Klient den Repräsentanten mehr über sein Angebot. Es ergaben sich für ihn wichtige Erkenntnisse für eine andere Positionierung und Ausrichtung des Produktes (neuer Titel etc.), um es für die Zielgruppe attraktiver zu machen.

Methode: Die Repräsentanten suchen sich selbst ihren Platz

Will man eine Vielfalt von möglichem Feedback – insbesondere von Aspekten und Fragen, die in der Zukunft liegen – erhalten, ist dies schnell möglich, indem die Zuschauer sich einen Platz als einen der Aspekte/Kunden etc. suchen. So erhält man eine ganze Spannbreite von unterschiedlichsten Reaktionen.

Diese Aufstellungsvariante spart Zeit. Die Phase der Aufstellung durch den Klienten entfällt.

Die Aufstellung von Produkten

Der richtige Platz für ein Produkt in Relation zum Focus (hier der Trainer und Produktentwickler) und zu den Kunden ist sehr wichtig. Die extern agierende Hauptperson ist hier der Focus (Trainer). Das Produkt hat seinen angemessenen Platz an seiner linken Seite. Es benötigt noch Aufmerksamkeit vom Focus (Trainer), da es noch nicht ausgereift ist.

Die Aufstellung potenzieller Kunden

Das Aufstellen von potenziellen Kunden ermöglicht einem Klienten, der ein Produkt (Dienstleistung, Kunst, Gegenstände etc.) anbieten möchte, einen Eindruck möglicher Reaktionen zu erhalten. Dies erleichtert ihm das Einschätzen und Zugehen auf Kunden. Er weiß, wann und wo es auf ihn als Person ankommt und wann und wo auf das Produkt. Gibt es noch Produktmängel, zeigt sich dies auch meist sehr deutlich in den Aufstellungen. Oft gibt es sogar konkrete Hinweise von den Repräsentanten.

Die geklaute Produktidee

Das Anliegen

Herr Welsch (38), seit einem halben Jahr in einem großen Konzern als Produktmanager angestellt, wollte sich durch Aufstellen Klarheit schaffen, wie die potenziellen Kunden gegenüber seinem Produkt eingestellt sind. Insbesondere interessierte er sich für positive Äußerungen sowie Kritik.

Was wird aufgestellt?

Aufgestellt wurden vom Klienten

- der Focus (Herr Welsch, Produktmanager)
- das Produkt und
- zwei Kunden

Die Aufstellung

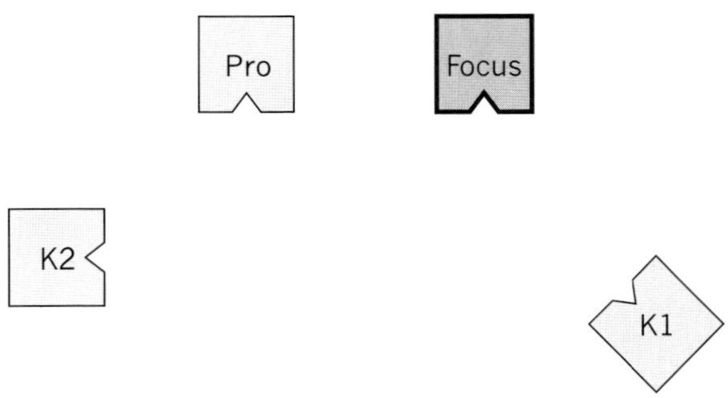

Focus = Produktmanager
Pro = Das Produkt
K1 = Kunde 1
K2 = Kunde 2

Das Produkt fühlt Schwere. Der Kunde 1 war interessiert an dem Produkt und empfand den Focus als sehr freundlich. Kunde 2 zeigte kein Interesse am Produkt und setzte sich später im Verlauf der Aufstellung. Dies änderte sich nicht im Verlauf der Aufstellung. Der Focus fühlte sich relativ schwankend und unsicher.

Im Verlauf zeigte sich, dass beim Kunden sofort das Interesse stieg, sobald der Focus und das Produkt sich annäherten. Für den Kunden war eine Einheit zwischen dem Produktmanager (Focus) und dem Produkt, sowie eine Tiefe – ein Wort, was er immer wiederholte – wichtig.

Dem Focus war eine Distanz zum Geschehen wichtig. Er stellte sich auf die gegenüberliegende Seite. Er versicherte, das Beste für das Produkt zu tun. Die Worte kamen bei den Kunden und dem Produkt nicht an.

Das Produkt war dem Produktmanager sehr wohlgesonnen, fühlte sich jedoch nicht ganz gesehen. Ihm fehlte mehr Beziehung zum Focus.

Während der Aufstellung war sehr viel Trauer in den Augen des Focus zu sehen. Er konnte oder wollte sie nicht benennen. Als der Focus dem Produkt den Arm reichte, war ein Beginn eines tieferen Kontaktes möglich. Mehr war an dem Punkt nicht zu machen. Der Focus sagte zum Produkt: »Ich brauche etwas Zeit.«

Schlussbild:

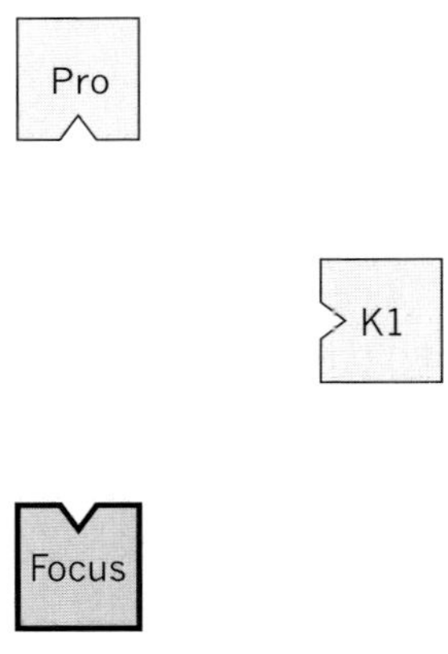

Focus = Produktmanager
Pro = Das Produkt
K1 = Kunde 1
K2 = Kunde 2

Gespräch nach der Aufstellung

Hinterher erzählte Herr Welsch, dass er ursprünglich die Produktidee hatte. Diese wurde ihm, gleich nachdem er sie im Betrieb bekannt gegeben hatte, von einem langjährigen Mitarbeiter geklaut und im Konzern weitergegeben. Die Idee kam gut an, und das Produkt war wieder bei ihm »gelandet«. Er sollte es vermarkten. Er hatte im Verlauf seiner Berufskarriere öfters erlebt, dass andere ihm Ideen geklaut und umgesetzt hatten.

Was hat die Aufstellung dem Klienten gezeigt?

Herr Welsch: Durch die Aufstellung habe ich gelernt, um was es wirklich geht. Ich weiß jetzt, wo das Produkt und der Kunde stehen. Ich weiß, dass ich an der Produktbeziehung arbeiten muss.

Darüber, dass ich mir Dinge nehmen lasse, werde ich jetzt mal genauer nachdenken. Ich möchte die Aufstellung jetzt erst mal wirken lassen.

Werden berufliche Themen aufgestellt, können auch sehr persönliche Themen auftauchen

Durch Aufstellungen von beruflichen Themen kann man auf tief verwurzelte Themen stoßen. Traurigkeit und Schwere können darauf hinweisen. Das ursprüngliche Anliegen tritt dann erst einmal in den Hintergrund.

Die tiefer liegenden Themen müssen zu gegebener Zeit, d.h. wenn der Klient bereit ist, bearbeitet werden. Sie können bis in die Ursprungsfamilie und noch weiter zurückreichen.

Ist der Klient sofort – oder nach einer kurzen Pause – bereit, weiter zu arbeiten, ist ein Systemebenenwechsel von der jetzigen beruflichen Konstellation z.B. zum Ursprungssystem oder einer anderen Lebensphase während der Aufstellung notwendig.

Produkt – Produktentwickler – Kunde

Der gute Kontakt zwischen Produkt und Produktentwickler ist sehr wichtig und beeinflusst gleichzeitig die Wirkung auf den Kunden.

Das Anliegen

Der Inhaber eines Ladengeschäfts, Herr Kramer aus Salzburg, wollte mit einer Aufstellung Klarheit über seine Produktpalette gewinnen. Seit 30 Jahren verkaufte er Freizeitartikel, ursprünglich in einem anderen Geschäft. Seit er in den neuen Räumen war, verkauften sich seine alten Produkte überhaupt nicht mehr. Er verdiente hauptsächlich an neuen Produkten. Er konnte sich jedoch nicht von der unrentablen Freizeitproduktpalette trennen. Über die Aufstellung wollte er herausfinden, woran dies lag.

Er begann eine, wie er sagte, komplizierte Geschichte mit ursprünglichen Besitzern, anderen Ladenräumen, Gerichtsprozessen etc. zu beschreiben, bei der auch die Zuhörer nicht gleich in allen Zusammenhängen durchblickten.

Was wurde aufgestellt?

Um seine Frage zu beantworten, wurde mit wenigen Positionen gestartet:

- Der Klient stellte für sich den Focus auf
- das offizielle Thema (»die unrentable Produktpalette« – OT) und
- »das, um was es dabei sonst noch geht« (ausgeblendetes Thema – AT)

Erstes Bild

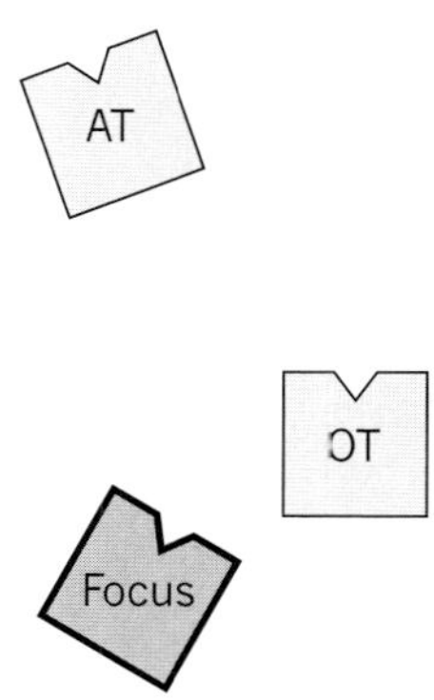

Focus = Klient
AT = Das, um was es sonst noch geht
OT = Die unrentable Produktpalette

OT: Ich hab hier nichts verloren, das geht mich nichts an. – Ich will raus und weg.
Der AL erlaubte, dass er seinem Impuls folgte. Er ging Richtung Tür und war zufrieden und erleichtert. Der Focus schaute ihm erstaunt hinterher.
AT und Focus wurden sich gegenübergestellt.
Das ausgeblendete Thema war dem Focus sehr wohlgesonnen und sagte: Komm näher.
Focus: Wer bist du? Ich kenne dich nicht.
AT: Das stimmt nicht. Du kennst mich gut. Ich bin etwas sehr Altes.
Beiden war sehr heiß.
AT: Komm näher.
Der Focus begann stark zu schwitzen.
Focus: Ich würde Sie gerne umarmen.
OT aus dem Hintergrund zum Focus: Mach's doch endlich.
Focus: Daraufhin traut er sich, er umarmt das AT.
Danach tritt er einen Schritt zurück, noch mit einiger Verwunderung und aufkeimenden Zweifeln, jedoch mit direktem Kontakt und Blick auf AT.
Der Focus sagt abschließend zu AT: Zukünftig gebe ich dir den Platz, der dir zusteht. Ich verliere dich nicht mehr aus den Augen.

Lösungsbild

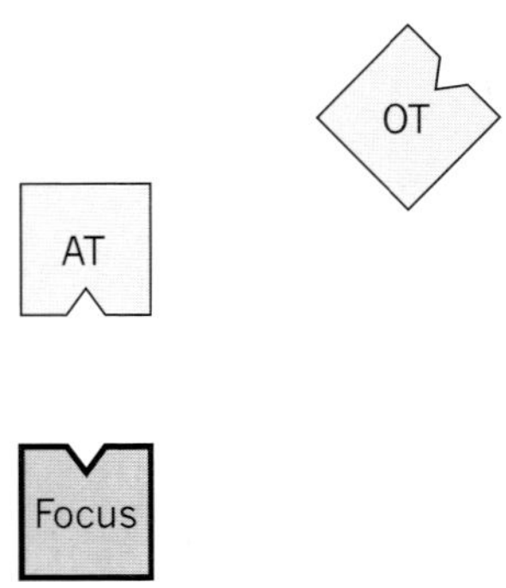

Focus = Klient
AT = Das, um was es sonst noch geht
OT = Die unrentable Produktpalette

Nach der Aufstellung

Hinterher sagte der Klient, dass er ja eigentlich schon gewusst hätte, was die Aufstellung zeigte. Ein Freund hätte ihm gesagt: »Du hast Produkte im Laden, die nicht gekauft werden wollen.« Zusätzlich gestand er, dass er gerade beim Umbauen sei und in der Planung vergessen hätte, Platz für die nicht lukrative Produktlinie einzuräumen.

Das offizielle und ausgeblendete Thema

Oft wird von dem Klienten das, um was es wirklich geht, in der Problemschilderung stark ausgeschlossen. Wird dies vom AL wahrgenommen, sollte dies als Element dazugestellt werden.

Wie reagiert der Klient?

Taucht das, um was es geht, auf, reagieren die Klienten unterschiedlich:
»Das überrascht mich«, »Ja, das kenne ich«, »Ja, das habe ich vermutet«, »Jetzt bin ich ganz verwirrt« ...

Was ist eine gute Position für einen externen Berater?

Das Anliegen

Eine Beraterin wollte sich die Konstellation in dem zu beratenden Unternehmen anschauen. Sie sollte mit einer Abteilung in Kürze die Moderation eines Workshops übernehmen. Die bestehenden Verhältnisse konnte sie nicht genau einschätzen. Die Beraterin war etwas beunruhigt, was sie erwartete.

Was wurde aufgestellt?

Es wurden die Beraterin (Focus), die Abteilungsmitarbeiter und die anstehenden Aufgaben aufgestellt.

Die Aufstellung

Die Aufstellung zeigte sehr unklare Verhältnisse und Beziehungsstrukturen. Die beteiligten Personen waren nicht arbeitsfähig. Der Abteilungsleiter wirkte sehr unentschieden und bezog den Aufgaben gegenüber keine klare Stellung. Als mögliche Ursache wurden seine Chefs, die er über sich hatte, identifiziert. Da die Beraterin, deren Focus sehr auf diese Konstellation fixiert war, keinen Auftrag hierfür hatte, wurde an dieser Stelle nicht weitergearbeitet.

Es fiel dem Focus der Beraterin schwer, sich aus dem Konflikt rauszuhalten. Sobald der Focus der Beraterin den Schlüsselsatz »Ich lasse eure Aufgabe bei euch und übernehme die Verantwortung für meinen Aufgabenbereich« sagte, trat Ruhe ein. Ein guter Standpunkt war gefunden.

Klassische Organisationsaufstellung

Bei einer klassischen Organisationsaufstellung werden konkret die mitarbeitenden Personen einer Arbeitseinheit aufgestellt.

Welchen Platz suchen sich Berater?

Manche Berater neigen dazu, sich ins zu beratende System hineinziehen zu lassen und sich um Aufgaben zu kümmern, für die sie keine Kompetenz und keinen Auftrag haben.
Oft suchen sie sich einen Platz, der ihnen aus der eigenen Herkunftsfamilie vertraut ist.

Typische Aufträge an Berater

Sie werden manchmal für Aufgaben angestellt, die in Wirklichkeit nicht umgesetzt werden dürfen. Manchmal passiert dies bei Aufträgen in Richtung Innovation oder Change Management. Das System, der Chef etc., will in Wirklichkeit nicht, dass sich etwas ändert.
Oder ein Chef delegiert Aufgaben an einen externen Berater, die er eigentlich selbst erledigen müsste.
Oder es wird ein externer Sündenbock oder Verantwortlicher für Projekte gesucht/eingeplant.
Der Preis, den der Berater für solche Jobs zahlt, ist hoch.

Warum zieht es mich immer ins Ausland?

Das Anliegen

Die Klientin (39), die länger im Ausland gearbeitet hatte, wollte wissen, wo ihr Platz in Deutschland ist und worin ihre Aufgaben liegen.

Was wird aufgestellt?

Es wurde mit einer Strukturaufstellungsform, der Glaubenspolaritätenaufstellung, gearbeitet.

Aufgestellt wurden im ersten Schritt:

- der Focus
- die Erkenntnis (Pol)
- die Ordnung (Pol)
- das Ausland

später noch:

- der Pol der Liebe/Vertrauen und
- ein unbekanntes Element

Erstes Bild

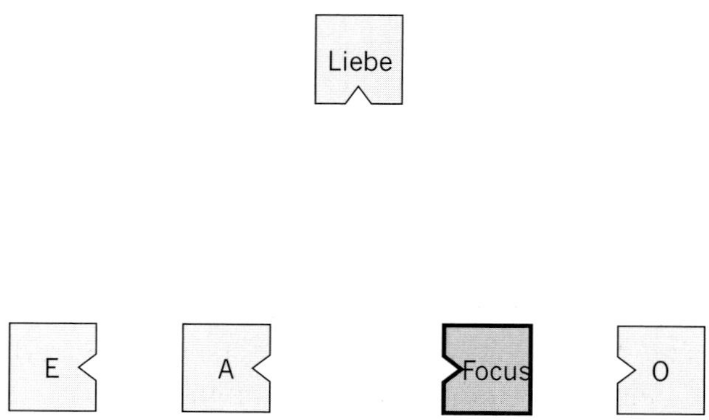

Focus = Klient
E = die Erkenntnis (Pol)
O = die Ordnung (Pol)
Liebe = Liebe/Vertrauen (Pol)
A = das Ausland

(Pol) Erkenntnis: Ich bin gerührt, ich empfinde alles seltsam in einer Linie stehend.
Focus: Mir ist heiß.
(Pol) Ordnung: Die Ordnung freut sich über die Ordnung, ich finde alles fantastisch symmetrisch.
Ausland: Ich fühle Schwere.
Der Pol der Liebe wird im zweiten Schritt dazugestellt.
(Pol) Erkenntnis: Empfindet Trauer, Asymmetrie
Focus: Möchte hinschauen, empfindet eine Lähmung im Hals.
Kann mit Liebe zum Ausland schauen, nicht zum Pol der Liebe.
(Pol) Ordnung: Empfindet den Pol als traurige Liebe.
Ausland: Mir wird es leichter.

Umstellung

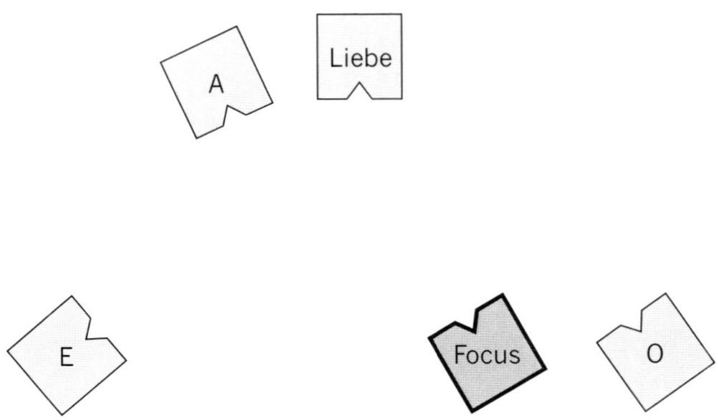

Focus = Klient
E = die Erkenntnis (Pol)
O = die Ordnung (Pol)
Liebe = Liebe/Vertrauen (Pol)
A = das Ausland

Focus: Hat Blickkontakt zum Ausland und sagt: Durch dich habe ich viel bekommen.
Ausland: Geht zwei Schritte zurück, daraufhin wird der Focus traurig.
Focus: Ich achte sehr, was ich durch dich bekommen habe.
Bitte schau freundlich, auch wenn ich jetzt nicht mehr da bin. – Ich nehme von deiner Kraft, auch wenn ich in eine andere Richtung schaue, und ich schaue mich immer wieder mal um.

Dialog zwischen Pol der Liebe und dem Focus

Focus: Der Focus tritt vor den Pol der Liebe und schaut ihn an und sagt: Ich bin überrascht, dich zu sehen und zu sehen, wie du mich anblickst. Ich sehe dich jetzt.
(Pol) Liebe: Endlich.
Focus: Jetzt lasse ich dich nicht mehr so leicht aus den Augen, auch wenn ich in eine andere Richtung schaue.
Der Focus schaut zur Erkenntnis.
Focus zum Pol der Erkenntnis: Zu dir schaue ich auch weiter gerne. Ich bin froh, dass es dich gibt.

Focus schaut zur Ordnung

Focus: Fühlt sich zappelig. Dies wird von der Ordnung bestätigt.
Es taucht langsam etwas hinter der Ordnung auf. Etwas, was verdeckt worden ist.
Focus: Ich habe ein Gefühl von Freiheit.
Focus zur Ordnung (Pol): In dir habe ich etwas verwechselt.
Focus zum unbekannten Element: Wohin ich auch sehe, ich nehme auch von dir.
Die Ordnung rückt etwas weiter nach links hinten. (Hinter der Ordnung steckt die Klarheit.)
Der Klient stellt sich ins Bild und nimmt es in sich auf.

Das Ausland

Hat jemand einen starken Drang, langfristig im Ausland zu leben und zu arbeiten, stecken oft biografische Gründe dahinter. Das Ursprungssystem, zum Teil noch ältere Systeme, können eine Rolle spielen.
Oft macht es Sinn, das Vater-/Mutterland zu stellen und das Land, in dem der Klient lebt.

Glaubenspolaritätenaufstellung

Man kann mit Teilen einer Glaubenspolaritätenaufstellung arbeiten.

Das Anliegen

Eine Geschäftsfrau (44), die finanziell schon viele Höhen, aber auch Tiefen erlebt hat, kommt zur Aufstellung, um für sich das Thema Geld genauer anzuschauen.

Was wird aufgestellt?

Aufgestellt werden

- die Geschäftsfrau (Focus) und
- das Geld

Später werden zwei weitere Positionen dazugestellt:

- das, was hinter dem Geld auftaucht (3. Position)
- eine Ressource

Erstes Aufstellungsbild

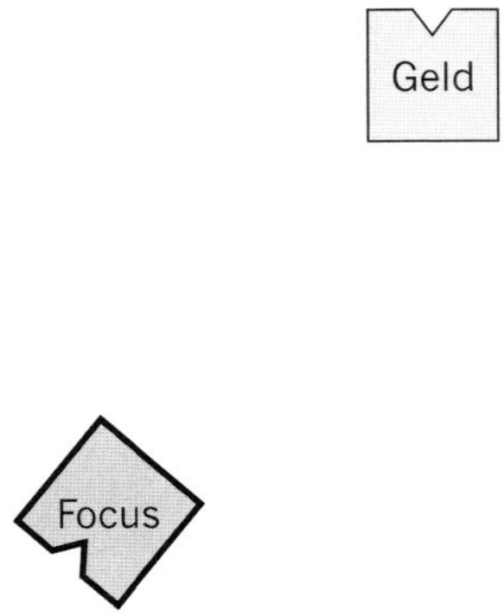

Focus = Klient
Geld = das Geld

Focus: Was ist eigentlich der Sinn meines Lebens? Die Zeit zerrinnt mir in den Fingern. (Der Focus schaut nirgendwo direkt hin. Dies wurde vom AL abgefragt.)
Geld: Ich bin traurig, dass der Focus in der Ecke steht und ich so wegschaue.

Zweites Bild

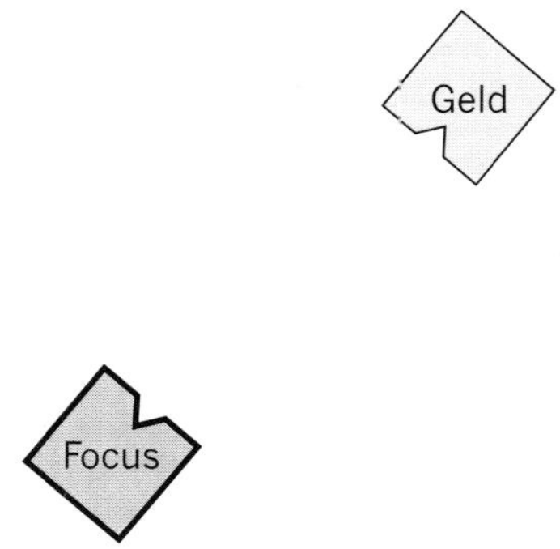

Focus = Klient
Geld = das Geld

Focus: Mit dem mag ich nichts zu tun haben.
Geld: Mir geht's gut mit dir.
Focus: Du bist mir lästig und hinderst mich.
Geld: Ich will dich nicht stören und gehöre ein bisschen zu dir.
Focus: Ich bin so gebannt von dir, dass ich nicht hinschauen kann, wo ich hinschauen möchte. Jemand hat dich mir eingepflanzt.

Test

Der AL lässt hinter dem Geld langsam eine dritte Position auftauchen.

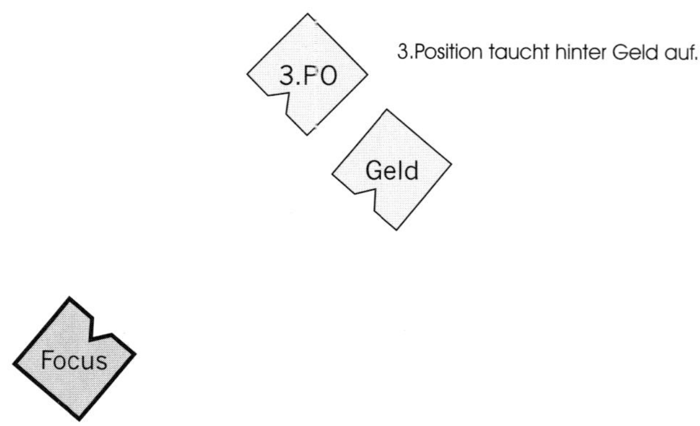

Focus = Klient
Geld = das Geld
3.PO = 3.Position

Focus : Um dich geht's
3. Position: Es bewegt mich, was du sagst und ist mir wichtig.
Der AL bewegt den Focus ein Stück nach vorne und schiebt das Geld etwas zur Seite. Der Focus steht nun direkt gegenüber von der 3. Position.
Focus: Ich brauche Hilfe. Es ist Zeit, den Berg (die 3. Position ist damit gemeint) zu besteigen.
Der AL schlägt vor, dass der Klient eine Ressource aussucht und positioniert.
Focus: (zur Ressource) Ich danke dir für die Unterstützung, dass du mir hilfst, die ersten Schritte zu gehen.
3. Position: Mir geht es gut, wenn du stark bist und ich bin da.
Focus: Ich muss es jetzt tun, ich habe mich lange ablenken lassen.

Endbild

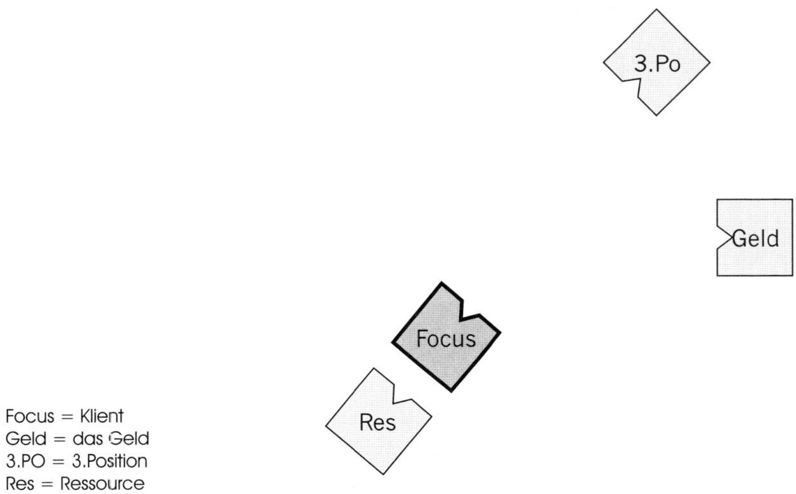

Focus (zur Ressource): Bitte schau mir freundlich dabei zu, wenn ich zur 3. Position schaue, ich brauche beide.
(zur 3. Position) Um dich geht es mir jetzt, und es tut mir gut.

Das Thema Geld

Der Bezug zum Thema Geld wird häufig aufgestellt. Vielfältig sind die jeweiligen Blockaden und notwendigen Interventionen zur Entwicklung von Lösungsbildern.
Oft geht es nicht wirklich um das Geld, sondern um etwas ganz anderes. Oder die Art der Vorfahren, mit Geld umzugehen, wird unbewusst nachgelebt.

Ressourcen hinzunehmen

Ist der Focus in einer Aufstellung sehr geschwächt und stärken ihn die Interventionen mit den bisher aufgestellten Positionen nicht ausreichend, gibt es die Möglichkeit, eine Ressource hinzuzustellen. Es ist nicht wichtig, sie konkret zu benennen. Manchmal wirkt sie einfach als abstrakte Ressource, manchmal entpuppt sie sich als konkrete Person oder als ein ausgeblendeter Aspekt oder eine Fähigkeit.

Mir fällt es schwer, Geld anzunehmen

Das Anliegen

Eine jüngere, beruflich engagierte Frau kam zu einer Aufstellung mit dem Thema: Ich traue mich nicht, Geld anzunehmen. Sie hatte gerade ein sehr erfolgreiches Geschäftsjahr hinter sich und musste plötzlich mit sehr existenziellen Ängsten und Panikattacken kämpfen. Es fiel ihr, trotz ihrer guten Vertragsabschlüsse, nach wie vor sehr schwer, für ihre Beratungsleistung Geld zu nehmen. Sie wollte wissen, was sie bremste.

Die Aufstellung

In der Aufstellung stellten wir einen Focus für die Klientin und eine Position für »Das Annehmen von Geld« auf. Es zeigte sich in der Aufstellung schnell, dass dem Focus der direkte Kontakt zum Geld schwer fiel. Die Position »Das Geld« war ihm prinzipiell wohlgesonnen, hatte jedoch ein Problem, »Das Annehmen von Geld« wahrzunehmen. Die Position wirkte sehr unscharf.

Auf der Suche nach Ressourcen und zu lösenden Faktoren war das Wahrnehmen eines sehr »alten Teils« der Klientin wichtig. Ein Rückgaberitual ermöglichte der Klientin plötzlich, frei nach vorne zu gehen und auf das Thema »Geld« direkt zugehen zu können. Ihr Partner, als hinzugestellte Kraftquelle von außen, konnte ihre Ängste gar nicht verstehen. Er stand ihr zwar mit guten Ratschlägen zur Seite, für die Klientin war in diesem Fall der eigene Prozess wichtig.

Das Lösungsbild

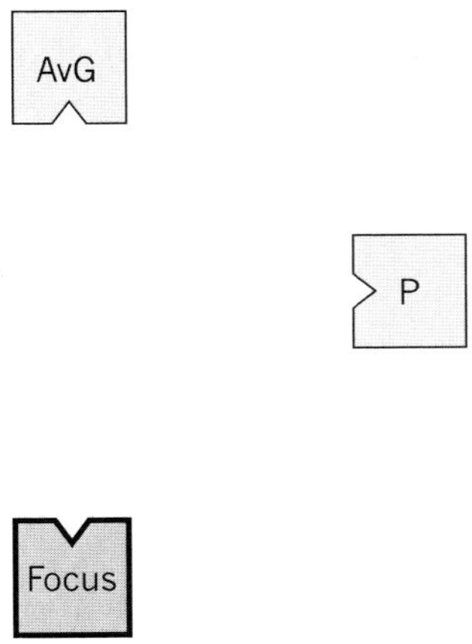

Focus = Klient
AvG = Annehmen von Geld
P = Partner

Bei Aufstellungen zeigt sich, ob mit einer Sache, einem Thema oder einer Person ein direkter Kontakt möglich ist. Durch Einbezug von (oft vermeintlichen) Hindernissen und Ressourcen wird ein Wandlungsprozess eingeleitet und das Aufeinanderzugehen von Positionen ist möglich.

Existenzgründer auf dem Weg zum Erfolg

In welcher Situation befindet sich der Existenzgründer?

Jeder kennt die Situation: ein Plan, ein Wunsch, eine Absicht fühlt sich stimmig an und es dauert nicht lange, bis sich alles scheinbar mühelos umgesetzt hat.

Was hindert uns an der Umsetzung unserer Pläne in all den Situationen, in denen es nicht so richtig klappt? Bietet die momentane Situation doch so viele Vorteile, dass wir sie nur ungern aufgeben wollen? Dies ist eine Situation, die jeder kennt und mit der sich insbesondere Existenzgründer auf ihrem neu angestrebten Weg immer wieder auseinander setzen. Sie sind mit intensiven Zielfindungs- und Erkenntnisprozessen konfrontiert. Aufstellungen unterstützen und begleiten diesen Weg und beschleunigen anstehende Wandlungsprozesse.

Wann ist für Existenzgründer eine Aufstellung sinnvoll?

Aufstellungen bieten sich sehr gut für vielfältige Fragestellungen sowie in unterschiedlichen Stationen im Prozess einer Existenzgründungs- und Umsetzungsphase an. Sie beschleunigen Wandlungsprozesse und ermöglichen effektiveres Handeln.

Sehr erkenntnisreich, gerade für die Themen im Existenzgründungsbereich, ist das Aufstellen abstrakter Begriffe, wie z.B. das Ziel, der Erfolg, das Geld, das Hindernis etc. ...

Welche Fragen beschäftigen den Existenzgründer?

Typische Fragen, die oft zu Beginn der Existenzgründung auftauchen:

- Woher komme ich – wo will ich hin?
- Bleibe ich angestellt oder mache ich mich selbstständig?
- Was kann ich – was will ich anbieten?
- Was sagt mein Mann/meine Familie/Kinder/Freunde dazu, dass ich mich selbstständig mache?
- Was gibt mir Kraft, um meine Pläne durchzuziehen?
- Welcher Raum steht meinen Zweifeln und Ängsten zu?
- Welche Entscheidungen sind richtig?

Fragestellungen, die in späteren Phasen auftauchen können:

- Ich traue mich nicht, Erfolg zu haben
- Wie gehe ich mit Neid um?
- Wie gehe ich auf Kunden zu?
- Wie koordiniere ich Privat- und Berufsleben?
- Wie viel Risiko bin ich bereit, einzugehen?
- Wie strukturiere ich mein Unternehmen?
- Wie erreiche ich meine Ziele?

Einige Beispiele aufgestellter Themen von Existenzgründern

Im Folgenden werden einige Fragestellungen von Existenzgründern und wichtige Aspekte für Lösungen, die sich im Verlauf von Aufstellungen herauskristallisiert haben, beschrieben.

1. Bleibe ich selbstständig oder nicht?

Frau K. war längere Zeit erfolgreich selbstständig in einem Bereich, der sehr boomte. Sie konnte und wollte momentan in diesem Bereich nicht weiterarbeiten und stellte sich die Frage: Schaffe ich es, in einem neuen Beratungsfeld Fuß zu fassen oder ist für mich eine Festanstellung mit den entsprechenden Sicherheiten besser geeignet?

Klärungsprozess und Lösung

Es wurden die Klientin, ihr Angebot und die potenziellen Kunden aufgestellt. Die Repräsentantin für die Klientin hatte zu Beginn sehr wenig Zugang zu ihrem Angebot und ihren Kunden, obwohl sie ihr gegenüberstanden. Die Kunden wirkten eher bedrohend auf sie. Der Kontakt zu den Kunden verbesserte sich, als sie Zugang zu einer männlichen Kraftquelle bekam, ihre Erfahrung dazugestellt wurde und dem Angebot ein Platz an ihrer Seite gegeben wurde. Wichtig war für die Klientin das Sehen des eigenen Angebotes und dessen Beachtung und Achtung.

2. Wo liegt meine Berufung?

Herr S., der seit längerem in ganz unterschiedlichen Berufsfeldern tätig war und über Orientierungslosigkeit klagte, stellte die Frage: »Ich möchte herausfinden, worin meine Berufung liegt.«

Klärungsprozess und Lösung

Der Klient stellte einen Focus für sich und die Berufung auf. Zuerst hatte er keinen Kontakt zur Berufung. Er war mit etwas anderem beschäftigt. Das »Andere« entpuppte sich als sein Vater.

Für den Focus des Klienten war es wichtig, den Vater zu sehen und einen guten Zugang zu ihm und zur männlichen Linie zu finden, bevor er mit der Position Berufung überhaupt Kontakt aufnehmen konnte. Nachdem dies geschehen war, verschwand das Gefühl der Orientierungslosigkeit. Der Focus konnte plötzlich zur Berufung Kontakt aufnehmen. Es ging sogar noch einen riesigen Schritt weiter. Es stellte sich heraus, dass die Berufung des Klienten darin liegt, Kinderbücher zu schreiben. Ein Thema, das er im Vorgespräch überhaupt nicht angesprochen hatte und das nun plötzlich stimmig und klar auftauchte.

3. Ich traue mich nicht, die feste Anstellung aufzugeben

Ein Existenzgründer kam in einer Phase zum Aufstellen, in der er entscheiden musste, ob er die Sicherheit einer festen Stelle aufgeben wollte oder nicht. Die Entscheidung fiel ihm sehr schwer.

Klärungsprozess und Lösung

Er stellte auf: einen Repräsentanten für sich, die alte Stelle und das Neue.

Der Repräsentant fühlte sich im ersten Bild sehr stark zur alten Stelle hingezogen und wollte sie am liebsten im Rücken haben. Das Neue interessierte sich jedoch sehr stark für ihn und war ihm sehr wohlgesonnen. Es stellte sich heraus, dass er sehr viel in seine feste Stelle hineininterpretierte und ihr eine große Bedeutung gab – mehr als es für einen Arbeitsplatz üblich und gemäß ist. Sobald er eine männliche Kraft im Rücken hatte und das würdigte, was die alte Stelle ihm gegeben hatte, konnte er mit dem Neuen Kontakt aufnehmen und es zum ersten Mal richtig sehen.

Sätze wie »Du warst lange Zeit wichtig für mich« und »Jetzt habe ich mich für etwas Neues entschieden« waren wichtig, auszusprechen. Dann konnte er den nächsten Schritt gehen. Die alte Stelle war ihm bei seiner Entscheidung für etwas Neues wohlgesonnen.

4. Wie gehe ich auf meinen Kunden zu?

Eine Existenzgründerin in der Anfangsphase hatte Angst, auf unbekannte potenzielle Kunden zuzugehen.

Klärungsprozess und Lösung

Es wurden die Existenzgründerin, die potenziellen Kunden und ihr Angebot aufgestellt.

Im Anfangsbild hatte die Existenzgründerin wenig Kontakt zu ihrem Angebot. Die Kunden konnten es auch nicht richtig wahrnehmen und hatten keine Ahnung, was die Existenzgründerin von ihnen wollte.

Sobald das Angebot einen guten Platz von der Existenzgründerin bekam und sie es den potenziellen Kunden vorstellte, erhielt sie gute Resonanz. Wichtig war, sich selbst erst mal den potenziellen Kunden vorzustellen und klar zu formulieren »Das hier möchte ich Ihnen gerne anbieten«. Daraufhin rückte die Existenzgründerin selbst ins Blickfeld der Kunden. Die Kunden waren an ihr interessiert.

5. Was sagt die Familie zu meinen Plänen

Frau K. wollte sich im Einzelhandelsbereich selbstständig machen und hatte große Bedenken, was ihre Familie dazu sagen würde.

Klärungsprozess und Lösung

In der Aufstellung stellte sich heraus, dass sie selbst große Ängste vor ihren Plänen hatte . Die Repräsentanten ihrer Familie, sowohl Kinder als auch Partner, fanden die Idee sehr gut und gaben ihr die volle Unterstützung.

6. Vorher hätte ich mich nie getraut, einen Auftrag in der Größenordnung anzunehmen

Eine Existenzgründerin mit viel versprechenden Plänen stellte in einer Phase auf, in der sie kurz vor dem erfolgreichen Start ihres Geschäftes stand. Sie wollte Klarheit über ihr Ziel und stellte sich und ihr berufliches Ziel symbolisch auf.

Klärungsprozess und Lösung

In dem Bild, das den Status quo widerspiegelte, stand die Existenzgründerin ihrem Ziel sehr nahe, hatte jedoch Angst, weiterzugehen. Es war für sie notwendig, einiges in der Vergangenheit zu klären und Kontakt zu ihren Ressourcen zu bekommen, um weiterzugehen bzw. den letzten Schritt aufs Ziel machen zu können. Das war nach der Klärung sehr leicht möglich.

Nach einem Jahr berichtete mir die Existenzgründerin, dass sie kurz nach der Aufstellungsarbeit einen Auftrag bekommen hatte, den sie sich vorher nie getraut hätte anzunehmen.

7. Wie gehe ich mit Neid um?

Eine Existenzgründerin hatte das Problem, dass sie sich, obwohl sie seit längerem mit ihrem Unternehmen in der EDV-Branche sehr erfolgreich etabliert war, gar nicht über ihren Erfolg freuen konnte.

Klärungsprozess und Lösung

Es wurden sie, der Erfolg und das, um was es dabei geht, aufgestellt. Es stellte sich heraus, dass sie im ersten Bild überhaupt keinen Zugang, d.h. weder Blickkontakt noch sonstige Wahrnehmungen zu der Position Erfolg hatte. Sehr gebannt war ihr Kontakt dagegen zur Position »Das, um was es dabei geht«, dem eigentlichen Thema. Es stellte sich heraus, dass sich hinter der Position »Das, um was es geht«, ihr Mann verbarg, mit dem sie in Trennung lebte.

Sobald er mit aufgestellt wurde, zeigte sich, dass er ein riesiges Problem mit dem Erfolg seiner Frau hatte. Er konnte kaum den Satz sagen: »Ich beneide dich sehr um deinen Erfolg.«

Dies stellte sich jedoch als Schlüsselsatz heraus. Seine Frau konnte sich erst wieder um ihren Beruf kümmern und ihren eigenen Erfolg sehen, als es ihr gelang, den Mann gehen zu lassen. Ihm war es momentan nicht möglich, es an ihrer Seite auszuhalten, da der Erfolg sehr schmerzhafte und versteckte Themen bei ihm ansprach.

Woher kommt die Kraft, um erfolgreich zu agieren?

Einen guten Platz im Systemkontext einzunehmen, z.B. in der Familie oder am Arbeitsplatz, ist eine gute Voraussetzung, um erfolgreich zu werden und zu sein. Der Platz sollte weder unnötig schwächen, noch von angemaßter Natur sein. Weiterhin ist es wichtig, einen guten Zugang zu den eigenen Ressourcen zu finden. Dies ermöglicht erfolgreiches Agieren.

Die männliche Kraft

Der Zugang zur männlichen Kraft ist sehr wichtig, um im Berufskontext einen guten Platz einnehmen zu können. Sowohl bei Frauen als auch bei Männern zeigt das Hinzustellen einer männlichen Kraft bzw. der männlichen Linie eine sehr positive Wirkung. Der eigene Stand im Berufskontext verbessert sich oft immens.

Die weibliche Kraft

Die Integration der weiblichen Kraft zu verstärken, ist oft sehr hilfreich bei Problemen im zwischenmenschlichen Bereich. Sie verstärkt die Einfühlsamkeit und Intuition und ist in vielen Situationen ein wichtiger Ratgeber.

Ohne Wurzeln keine Flügel

Berthold Ulsamer bringt sehr treffend auf den Punkt, was erforderlich ist, um Flügel zu entwickeln, um vorwärts zu schreiten:

»Die Familie ist der Grund, in dem wir wurzeln. Solange wir diese Wurzeln nicht (er-)kennen, werden die Flügel, die uns wachsen, nur schwach sein. Familienaufstellungen sind ein Weg, diese Wurzeln zu entdecken und sie von dem zu befreien, was schadet und schwächt. Dann kann die Kraft von den Wurzeln in die Flügel strömen.«

»Wenn die Familie auf diese Weise in Ordnung gebracht ist, kann der einzelne aus der Familie hinausgehen. Dann spürt er die Kraft im Rücken. Erst wenn die Bindung an die Familie anerkannt ist und die Verantwortung klar gesehen und verteilt wird, fühlt sich der einzelne entlastet und kann seinem Eigenen, Besonderen nachgehen, ohne dass ihn das Frühere belastet und einholt.« (Bert Hellinger)

Prüfungen

Immer wieder kommen Klienten vor anstehenden Prüfungen zum Aufstellen. Die Aufstellungsarbeit kann wertvolle Impulse bieten.

Prüfungsbeispiel 1

Das Anliegen

Frau Arndt (33) war gerade dabei, sich auf eine Prüfung vorzubereiten, für die sie seit längerem lernte. Sie hatte noch drei Monate Zeit. Plötzlich stellte sie sich die Frage, ob es überhaupt notwendig wäre, diese Prüfung zu machen. Sie stellte sich und die Prüfung auf.

Erstes Bild

Focus = Klient
Prüf. = Prüfung

Der Klientin ging es relativ gut. Der Prüfung auch.
Klientin: Mir ist heiß, ich bin voller Tatendrang.
Prüfung: Es ist mir ganz heiß.
Die Prüfung hatte beim Aufstellen das Gefühl, die Klientin wolle das Ganze – im positiven Sinne – schnell hinter sich bringen, alles sollte so schnell wie möglich erledigt werden.
Es erfolgte eine kurze Umstellung.

Lösungsbild

Focus = Klient
Prüf. = Prüfung

Prüfung zur Klientin: Das haken wir ab. Das ist schon erledigt. Du kannst ruhig kommen. Die Hitze ist noch in mir. Sie kommt von etwas, was hinter bzw. in mir ist.
Klientin: Ich habe das Gefühl, dich schon in mir zu haben.

Nach der Aufstellung

Eine Woche nach der Aufstellung konnte die Klientin weiter konzentriert lernen. Die ursprüngliche Fragestellung für die Aufstellung hatte sie schon vergessen.

Prüfungsbeispiel 2

Das Anliegen

Eine Biologin kam kurz vor Abgabe ihrer Diplomarbeit (Thema: Autoimmunerkrankungen) zum Aufstellen. Sie hatte Mühe, sie vollständig fertig zu stellen und war beinahe soweit, sie gar nicht mehr abgeben zu wollen. Ihre Professorin war akut an Krebs erkrankt, und die Studentin beklagte sich über ihr Desinteresse und mangelnde Unterstützung. Sie vermutete, dass wegen der Erkrankung momentan viel Skepsis gegenüber ihrem Thema vorhanden war.

Was wurde aufgestellt?

Aufgestellt wurden:

- der Focus der Klientin
- die Professorin
- die Diplomarbeit

Was zeigte die Aufstellung?

In der Aufstellung zeigte sich, dass die Professorin ihr sehr wohlgesonnen war, wenngleich sie gerade mit ihren Kräften haushalten musste. Der Focus der Klientin war sehr traurig über die Erkrankung der Professorin. Sie tat ihr sehr Leid. Der Satz »Ich achte dein Schicksal. Es ist deins und ich lasse es bei dir« brachte Klarheit und Erleichterung. Nachdem dem Focus der Klientin eine Kraftquelle hinzugestellt worden war und »das, was nach der Prüfung dran ist« aufgestellt wurde, war ein guter Bezug zur Diplomarbeit vorhanden.

Nach der Aufstellung

Monate später berichtete die Klientin, dass sie die Diplomarbeit mit sehr gut bestanden hatte.

Prüfungsängste

Aufstellungen können bei Lernhemmungen und Prüfungsängsten helfen, Blockaden abzubauen. Bei der Aufstellung von Prüfungsthemen ist der Erfolg oft relativ schnell sichtbar und messbar.

Mir ist alles zu viel

Das Anliegen

Bei einem jungen Mann (25) tauchte während eines Kurzseminars zum Kennenlernen von Organisationsaufstellungen folgendes Anliegen auf: »Mir ist alles zu viel. Momentan sind so viele Aufgaben um mich herum, dass ich gar nicht weiß, wie ich alles bewältigen soll.«

Die Methode des Aufstellens war ihm ganz neu, man merkte jedoch, dass er sehr davon angezogen war. Es reizte und drängte ihn, etwas bei sich genauer anzuschauen.

Die Aufstellung

Ich bat ihn, einen Repräsentanten für sich auszusuchen und diesen zu positionieren. Anschließend forderte ich die anwesenden Zuschauer (8 Personen) auf, sich einen Platz im Raum als eine der anstehenden Aufgaben (A1 – A8) zu suchen.

Das erste Bild sah folgendermaßen aus:

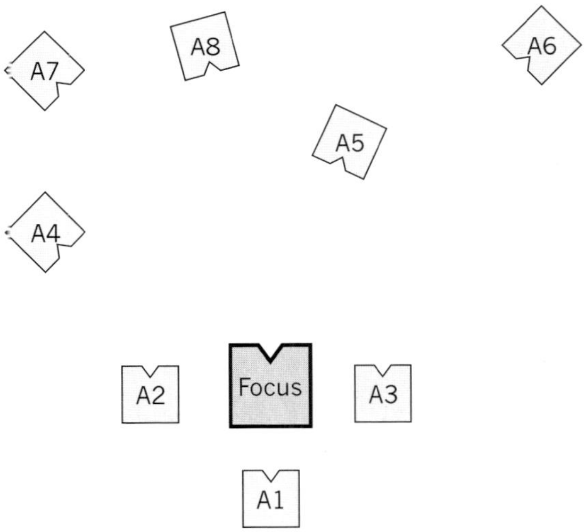

Focus = Klient
A1 = Aufgabe 1 (Mutter)
A2-A8 = Aufgabe 2-8
V = Vater

Dem Focus war es zu eng mit Aufgabe 2 und 3. Körperlich fühlte er sich unangenehm. Er konnte keinen klaren Blick bekommen. Zur Aufgabe1 war wenig Kontakt.

Die Umstellung durch den AL ergab folgendes Bild:

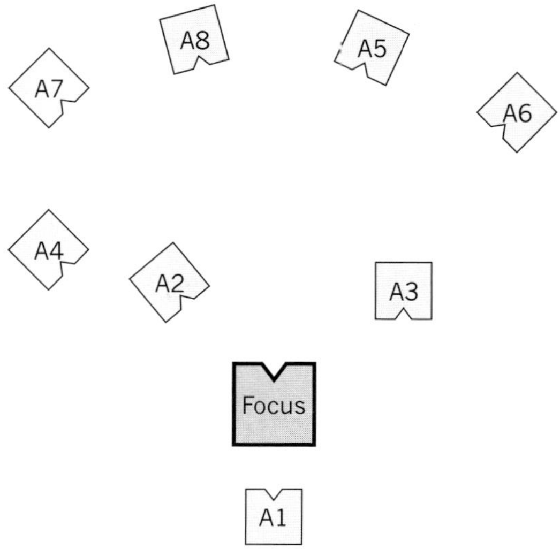

Focus = Klient
A1 = Aufgabe ˉ (Mutter)
A2-A8 = Aufgabe 2-8
V = Vater

Dem Focus ging es wesentlich besser. Hinter ihm fühlte er noch etwas Wichtiges und Bedrückendes. Die Aufgaben in der äußeren Reihe (A4, A7, A8, A5, A6) sprachen so, als ob sie warten könnten, bis sie dran sind. Die Aufgaben 2 und 3 wollten dringender bearbeitet werden.

Im dritten Schritt drehte sich der Focus um zur Aufgabe 1, die hinter ihm stand (A1).

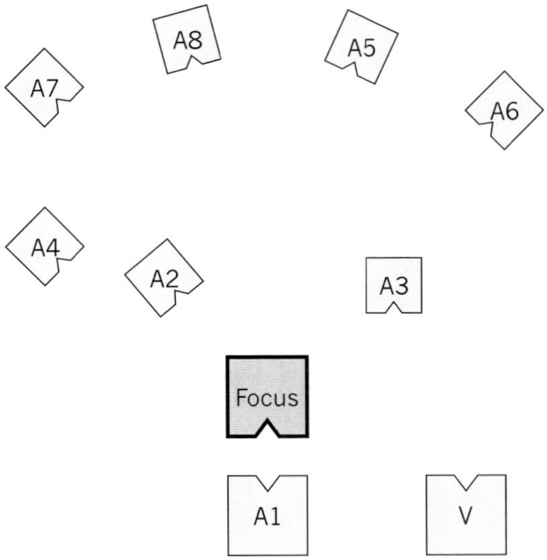

Focus = Klient
A1 = Aufgabe 1 (Mutter)
A2-A8 = Aufgabe 2-8
V = Vater

Dem Repräsentanten des Focus wurde ganz heiß, der Klient draußen begann schlagartig zu schwitzen und hatte ein ganz nasses Hemd.

Die Aufgabe 1 entpuppte sich als ein Thema mit seiner Mutter. Der Klient war im Alter von 14 Jahren zu Hause ausgezogen. Mit 21 hatte er zum ersten Mal seinen leiblichen Vater, der aus Mittelamerika stammte, getroffen. Die Eltern hatten sich kurz nach der Geburt getrennt. Seine Mutter war inzwischen wieder verheiratet.

Der leibliche Vater wurde dazugestellt.
Der Focus empfand viel Groll gegen Mutter und Vater.
Als vom AL Sätze, welche die Enttäuschung kundtaten oder zugaben, dass er den Vater vermisste, vorgeschlagen wurden, kämpfte der Repräsentant mit den Tränen.
Die Gruppe war mucksmäuschenstill.
Der Focus erkannte, was zu bearbeiten anstand. Er benötigte jedoch noch Zeit und konnte im Moment keine weiteren Schritte gehen. Klar war ihm aber: Ich weiß, es ist wichtig, da genauer hinzuschauen. Momentan benötige ich noch etwas Zeit. Ich weiß jetzt, was ansteht.

An diesem Punkt wurde die Aufstellung beendet. Auch für den Klienten war es stimmig, die Aufstellung an der Stelle zu belassen.

Positionen (hier: die Aufgaben) suchen sich selbst ihren Platz

Um Zeit zu sparen und um eine Vielfalt von Reaktionen, z.B. auf eine Gruppe von Menschen wie Kunden, Zuhörern etc., zu testen, kann man einfach eine Auswahl von Personen sich frei im Raum einen Platz suchen lassen. Die Befragung der Repräsentanten ergibt eine große Spannbreite von positivem bis hin zu kritischem Feedback. Eine Vielfalt an Reaktionen wird gespiegelt und der Klient kann sich klar darauf einstellen.

Welchen Auftrag hat der AL bei einer beruflichen Thematik?

Im Rahmen von Organisationsaufstellungen liegt nicht immer der Auftrag vor, auf familiärer Ebene zu arbeiten. Tauchen tiefgründige Familienthemen auf, ist es manchmal angebracht, sie nicht weiter zu bearbeiten. Der Klient hat gesehen, was ansteht und entscheidet selbst, wann er sich weiter damit befassen will.

Überlagerung beruflicher Anliegen

Ursprünglich primär beruflich ausgerichtete Themen können stark durch persönliche Themen überlagert werden.

Abstrakte Elemente

Abstrakte Elemente, die hinter dem Focus stehen, haben meist mit dem Ursprungssystem zu tun. Sie können sich plötzlich als Familienmitglieder entpuppen.

Das Anliegen

Andrea Werner (33) äußerte ihr Anliegen: Ich habe mich selbstständig gemacht. Gerade läuft bei mir beruflich alles sehr gut, und ich verdiene sehr viel Geld. Plötzlich habe ich starke Nackenverspannungen. Ich möchte wissen, welche Botschaft sich dahinter an mich verbirgt und was ich zur Lösung beitragen kann.

Was wurde aufgestellt?

Es wurden der

- Focus
- das offizielle Thema, OT (die Nackenverspannung) und
- das eigentliche Thema, ET (das, um was es bei den Verspannungen geht) aufgestellt.

In folgenden Etappen entwickelte sich das Lösungsbild:

Status quo (erstes Bild)

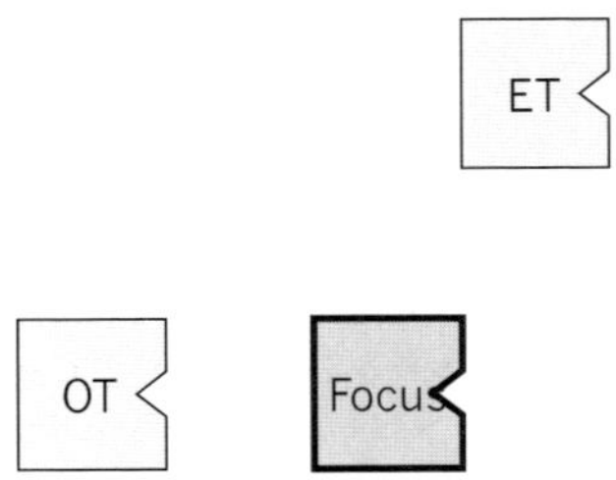

Focus = Klient
OT = Offizielles Thema (die Nackenverspannung)
ET = Eigentliches Thema (das, um was es bei den Nackenverspannungen geht)

Der Focus spürt deutlich den Druck des OT, er hat wenig Kontakt zum ET.

Zwischenschritt

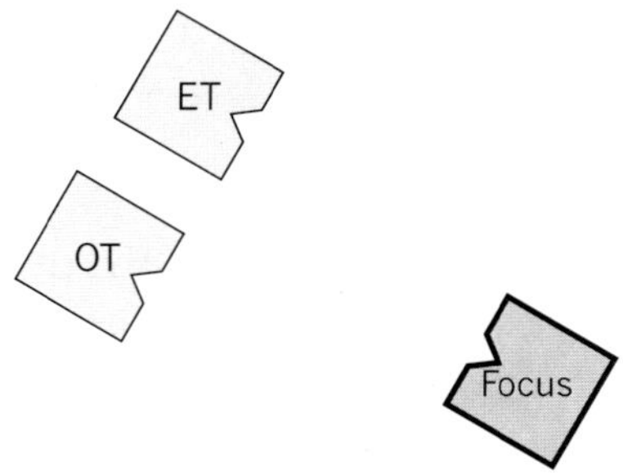

Focus = Klient
OT = Offizielles Thema (die Nackenverspannung)
ET = Eigentliches Thema (die Botschaft, um was es bei den Nackenverspannungen geht)

Der Focus sieht das OT und ET zum ersten Mal richtig und nimmt Kontakt mit beiden auf. Der Druck verschwindet.

Endbild

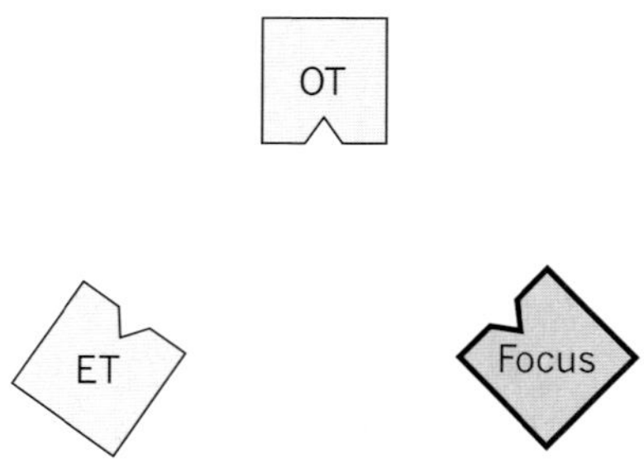

Focus = Klient
OT = Offizielles Thema (die Nackenverspannung)
ET = Eigentliches Thema (die Botschaft, um was es bei den Nackenverspannungen geht)

Mit dieser Konstellation sind alle beteiligten Elemente sehr zufrieden.

Die Repräsentantin stellt sich ins Aufstellungsbild, spürt, wie sich die Position anfühlt und nimmt dies als Ressource für zukünftige Schritte mit.

Status quo

Das erste Bild spiegelt den Status quo der aktuellen Befindlichkeit des Klienten.

(Arbeits-)Stressbedingte Körpersymptome

Es können auch Körpersymptome aufgestellt werden. Im Arbeitsfeld treten diverse Symptome, bedingt z.B. durch Stress, Ärger, Ängste, Unsicherheiten etc., auf. Dies können Verspannungen, Bauch-/Rücken-/Kopfschmerzen, Tinnitus, Bandscheibenvorfälle etc. sein. Stellt man das Symptom und »das, um was es dabei geht« auf, zeigt sich sehr schnell die tiefere Ursache des Problems, auf die der Körper des Klienten reagiert.

Abstraktes Arbeiten

Beim abstrakten Arbeiten ist es gar nicht so wichtig genau zu benennen, was auftaucht, um zu verstehen, was passiert. Wichtig ist, die einzelnen Positionen in Kontakt zueinander zu bringen und den richtigen Platz im Raum zu finden.

Der Spitzname

Wird mit abstrakten Positionen gearbeitet, vergibt man der Position eine Art Spitznamen, der symbolisch für das, um was es dabei geht, steht. Ich füge gerne noch hinzu »und was immer sich sonst noch dahinter verbirgt«.

Wirkung

Die Ressourcen, mit dem Symptom umzugehen, werden durch die Aufstellung gestärkt. Nicht versprechen sollte man das sofortige Verschwinden des Symptoms. Dies kann sein, passiert jedoch nicht immer und hängt sicher unter anderem von der medizinischen Indikation ab. Manchmal sind Klienten sehr bewegt nach einer Aufstellung, und es kann zu einer so genannten »Erst-Verschlimmerung« kommen. Dies kann ein Zeichen sein, dass die Seele tief berührt worden ist.

Das Anliegen

Frau Keller beschrieb ihre Situation folgendermaßen: Sie arbeitete seit sechs Monaten nicht mehr, weil sie kräftemäßig nicht konnte. Sie war zuvor beruflich sehr erfolgreich und hatte eine verantwortungsvolle Position inne. Andere Körpersymptome außer dieser Schwäche waren nicht aufgetreten.

Die Aufstellung

In der Aufstellung stellte sie sich und die Kraft auf. Im ersten Bild hatten beide Positionen überhaupt keinen Kontakt zueinander. Die Kraft fühlte sich im Kopf klar und kraftvoll an, die Beine wurden jedoch immer schwächer und zittriger. Der Repräsentant hatte Mühe, zu stehen. Die Schwächeanfälle kamen in Schüben durch den Körper. (Frau Keller erkannte an dieser Stelle die vom Repräsentanten erlebten Körpersymptome als genau das, was sie selbst erlebt hatte.) Der Repräsentantin von Frau Keller dagegen ging es sehr gut, auch als sie Blickkontakt zu ihrer Kraft bekam. Auf die Frage, was die Kraft brauchen würde, antwortete diese: »Ich brauche Ruhe und keinen Druck.« Es war nicht einfach für die Klientin, das Druckausüben zu unterlassen. (Obwohl sie in den letzten Monaten mehrere Urlaubsfahrten durchgeführt hatte, stellte sie fest, dass der gewünschte, langfristige Kraftgewinn sehr gering war.)

Für die Kraft war es sehr wichtig, respektiert, gesehen und nicht unter Druck gesetzt zu werden. Sie brauchte eine Ruhephase ohne erlebten Druck. Unter diesen Bedingungen sah die Kraft eine Chance, sich zu regenerieren.

Für die Regeneration in Burn-out-Phasen spielt Ruhe, ohne Druck auszuüben, eine wichtige Rolle.

Die wissenschaftliche Auseinandersetzung mit der Methode

Das menschliche Energiefeld – die wissenschaftliche Erforschung in Vergangenheit und Gegenwart

Die Arbeit mit Aufstellungen basiert auf der Wahrnehmung von Phänomenen. Phänomene zeigen sich, und die Wahrnehmung der Wirklichkeit erweitert sich. Wieso kann sich eine fremde Person so authentisch in eine Großmutter oder in den Konzernchef einspüren, und wieso werden sogar gleiche Gestiken und Wortlaute von ihr verwendet? Wieso passieren z.B. solche Dinge: Nach einer Aufstellung meldet sich plötzlich eine der zuvor aufgestellten Personen in der Realität, zu welcher der Klient über Jahre keinen Kontakt hatte. Wieso verhalten sich Kollegen am Tag nach der Aufstellung plötzlich anders?

Bisher konnte die Wirkungsweise von Aufstellungsarbeit mit gängigen westlichen naturwissenschaftlichen Methoden und Theorien nicht erklärt und nachgewiesen werden. Alte Sichtweisen müssen in Frage gestellt und neue Theorien und Experimente ausgedacht werden.

In vielen Bereichen der Wissenschaft beginnt sich eine holistische Sicht des Universums zu erschließen: In diesem Universum sind alle Dinge miteinander verbunden, entsprechend einer ganzheitlichen Erfahrung der Wirklichkeit.

Entwicklungsschritte der westlichen Wissenschaft*

Die Physik Newtons (17./18. Jahrhundert)

Es galt die Vorstellung, dass das Universum aus festen Objekten besteht und dass wir selbst feste Objekte sind. Im 19. Jahrhundert wurde die Hypothese durch die Definition von Atomen als Konglomerat fester Objekte erweitert: Elektronen umkreisen den Kern, der aus Protonen und Neutronen besteht. Ein beruhigendes Weltbild für jene, die die Welt als weitgehend fest und unwandelbar betrachten.

Physikalische Feldtheorie

Zu Beginn des 19. Jahrhunderts wurden neue Phänomene entdeckt. Sie ließen sich nicht mit der Physik Newtons erklären. Die Entdeckung und Erforschung elektromagnetischer Eigenschaften führten zum Konzept des Feldes.

Ein Feld wurde als ein Zustand im Raum beschrieben, der das Potenzial hat, eine Kraft zu erzeugen.

Faraday und Clerk definierten den Begriff Feld folgendermaßen: Jeder Körper baut ein Kraftfeld um sich, das als Störung oder Erregungszustand des Raumes beschrieben werden kann und das Wirkungen auf andere Felder ausübt. So entstand die Vorstellung, dass das Universum mit Feldern gefüllt ist, die Kraft erzeugen und miteinander agieren.

Diese Theorie macht ansatzweise erklärbar, warum wir, ohne Sprache oder visuelle Kommunikation zu gebrauchen, über Entfernungen aufeinander eine Wirkung ausüben können. Jeder hat schon mal an eine Person gedacht, die daraufhin anrief oder umgekehrt. Mütter wissen z.B. oft, wenn es ihren Kindern schlecht geht, egal wo sie sich aufhalten. Diese Phänomene lassen sich mit der Feldtheorie erklären.

Erst in den letzten Jahren dringen die Erkenntnisse der Physiker langsam in das Bewusstsein der Menschen.

Relativitätstheorie

Die 1905 von Einstein veröffentlichte Relativitätstheorie brachte die Prinzipien des Newtonschen Weltbildes zum Einsturz.

Der Raum ist nicht dreidimensional und die Zeit ist keine eigenständige Größe. Beide sind unauflöslich miteinander verquickt und bilden ein vierdimensionales Kontinuum, die »Raum-Zeit«. So kann man nicht über Raum ohne Zeit sprechen und umgekehrt. Es gibt keinen einheitlichen Zeitfluss, das bedeutet, Zeit ist weder linear noch absolut. Zeit ist relativ. Verschiedene

---

* Sehr viel ausführlicher dargestellt in dem Buch *Lichtarbeit* von der Physikerin Barbara Ann Brennan

Beobachter werden Ereignisse verschieden in der Zeit einordnen, wenn sie sich relativ zu den beobachteten Ereignissen mit unterschiedlichen Geschwindigkeiten bewegen.

Jeder hat schon einmal erlebt, dass er plötzlich an jemanden denkt und das Gefühl hat, die Person ist in Gefahr. Wird die Person angerufen, um zu hören, ob alles in Ordnung ist, und wird dies dann bestätigt, vermuten wir, dass wir Opfer unserer Einbildung geworden sind. Damit werten wir Erfahrungen ab. Dies ist Newtonsches Denken.

Da die Zeit nicht linear ist, kann das Ereignis zu dem Zeitpunkt geschehen, an dem wir es sehen, oder in der Zukunft. Es kann auch nur ein wahrscheinliches Ereignis sein, das sich nicht manifestiert hat. Die Vorahnung muss daher nicht falsch sein – wir haben eine reale Möglichkeit wahrgenommen.

Paradoxa

In den 20er-Jahren des vorigen Jahrhunderts fand die Physik Zugang zu der sehr erstaunlichen Welt der subatomaren Elementarteilchen. Experimente wurden mit Paradoxa beantwortet. Eine Welt des Sowohl-als-Auch wurde entdeckt. Elementarteilchen und Wellen – in der alten Physik ein Entweder-Oder werden nicht mehr als Gegensätze aufgefasst, sondern als verschiedene, sich ergänzende Aspekte. Alle Elementarteilchen können ineinander übergehen.

Die moderne Psychologie unterteilt inzwischen nicht mehr in Gut und Schlecht. Sowohl Liebe wie Hass kann empfunden werden und alles andere, was dazwischen liegt. Es gibt eine Welt »scheinbarer« Gegensätze, aber nicht »wirklicher« Gegensätze.

Jenseits des Dualismus – das Hologramm

Der Widerspruch zwischen Elementarteilchen und Welle wurde gelöst. Physiker entdeckten, dass es sich nicht um physische Wellen, sondern um Wahrscheinlichkeitswellen handelt. Diese stellen nicht die Wahrscheinlichkeit von Dingen, sondern von Zusammenhängen dar. Das Universum ist ein dynamisches Gewebe von Energiemustern, in die der Beobachter ständig miteinbezogen ist. Es gibt keine Teile, sondern wir sind das Ganze.

David Bohm spricht von einer implizit umfassenden Ordnung, die in einem unmanifesten Zustand existiert und auf der die ganze unmanifeste Realität beruht. Neue physikalische Grundgesetze können nicht entdeckt werden, wenn die Welt in Teile aufgespaltet wird.

Jedes Teil des Hologramms enthält das Ganze, und das Ganze kann aus dem Teil rekonstruiert werden.

Das Bell Theorem (1964)

Der Physiker Bell beweist 1964, dass subatomare Teilchen so miteinander verbunden sind, dass alles, was auf ein Elementarteilchen wirkt, auch auf andere Auswirkungen hat. Diese Wirkung ist augenblicklich und bedarf bei oder in ihrer Vermittlung nicht der Zeit.

Somit beginnen Physiker zu erkennen, wie unmittelbare Verbundenheit funktioniert. Ein Effekt, der gerade bei der Aufstellungsarbeit immer wieder beobachtet wird und erklärt, wie Kommunikation auf ganz andere Weise funktionieren kann.

Multidimensionale Wirklichkeit

Der Physiker Jack Sarafetti meint in *Psychoenergetic Systems*: Die Tatsache wechselseitiger Einwirkung jenseits von Lichtgeschwindigkeit verweise auf eine höhere Ebene der Wirklichkeit, auf der die »Dinge« mehr miteinander verbunden und Ereignisse stärker miteinander korreliert sind. Diese Verbundenheit werde wiederum durch noch höhere Ebenen hergestellt. Wenn wir also Zugang zu einer höheren Ebene finden, dann können wir vielleicht verstehen, wie Verbindung jenseits von Lichtgeschwindigkeit möglich ist.

Morphogenetische Felder

Rupert Sheldrake stellt in seinem Buch *Das schöpferische Universum* folgende These auf: Systeme werden durch unsichtbar organisierende, morphogenetische Felder (von griech. »morph« = Form, Gestalt und »genese« = werden) reguliert. Diese Felder stellen den Bauplan für die Ordnung und das Verhalten dar. Die Wirkung dieser Felder ist unabhängig von Nähe und Ferne. Morphogenetische Felder können sich unabhängig von Zeit und Raum ausbreiten, und Ereignisse der Vergangenheit haben Einfluss auf Ereignisse an beliebig anderen Orten.

In Tierexperimenten wurden diese Phänomene insbesondere beobachtet. Von Sheldrake wurde z.B. untersucht, dass ein Hund weiß, wann sich sein Frauchen/Herrchen auf den Heimweg begibt, und schon an der Tür wartet. Auch wurden Lerneffekte in Tierpopulationen auf unterschiedlichen Kontinenten zur gleichen Zeit beobachtet.

Sheldrake äußerte in einem Vortrag 1999: »Als ich Aufstellungen zum ersten Mal sah, habe ich die morphogenetischen Felder besser verstanden.«

Wie könnte man die Wirkung von Anliegen an Aufstellungen beschreiben?

Vielleicht so: »Gedanken sind Energien, die dazu drängen verwirklicht zu werden. Alte Gedanken wurden so gedacht, wie sie gedacht worden sind. Sie hatten die dementsprechende Resonanz. Durch die Änderung von Gedanken werden neue Energien und Schwingungen produziert und gesendet. Somit können sich Dinge in der Zukunft ändern. Neues kann entstehen.«

Vergleicht man die Kraft von Naturereignissen mit der Kraft eines flatternden Schmetterlings, scheint er keine große Wirkung zu haben. Ein altes chinesisches Sprichwort besagt jedoch Folgendes: »Die Kraft von Schmetterlingsschwingen ist noch auf der anderen Seite des Erdballs zu spüren.«

Der Begründer der Chaostheorie, der Meteorologe Edward Lorenz, beschäftigte sich analog dem chinesischen Sprichwort ausführlich mit der Frage: »Löst der Flügelschlag eines Schmetterlings in Brasilien einen Tornado in Texas aus?«

Was ist damit gemeint?

Generell bleibt das Wetter über längere Zeit sehr stabil. Im Allgemeinen wiederholt es sich in seinen Grundstrukturen. Schaut man jedoch genauer hin, verändert sich das aktuelle Wetter ständig. Wie es in einem Fluss unberechenbare Turbulenzen und Wirbel gibt, ist das Wetter zufällig und durch wechselhaftes Verhalten bestimmt. Winzige Einflüsse können die Veränderung eines ganzen Systems hervorrufen. Wird diese Variable bei einer Computerberechnung nicht miteinbezogen, weicht das Ergebnis einer Vorhersage von der Realität ab.

Viele Wissenschaftler begannen sich auf anderen Gebieten mit ähnlichen Fragen zu beschäftigen:

- Wieso können schon wenige Pollen einen Heuschnupfenanfall auslösen? Oder:
- Warum können Gerüchte und Spekulationen zu einem großen Börsenkrach führen? Oder:
- Was löste den Mauerfall aus?

Der Schmetterlingseffekt beim Aufstellen

Genauso könnte man sich fragen, warum nach Aufstellungen oft verblüffende Ereignisse stattfinden. Der zehn Jahre nicht kontaktierte Bruder, der in der Aufstellung eine wichtige Rolle spielt, meldet sich plötzlich. Das Haus ist vier Wochen nach der Aufstellung verkauft. Der Kunde ist plötzlich ganz zugänglich und macht den lang ersehnten Auftrag. Der Erfolg stellt sich nach der Aufstellung plötzlich ein.

Sind dies ähnliche Effekte? Wie entsteht diese Verbundenheit der Ereignisse? Zeigt sich beim Aufstellen die Kraft des Flügelschlags?

Dies sind Fragen, die momentan auf vielen Gebieten, insbesondere den Naturwissenschaften, erforscht und hinterfragt werden. John Donne drückt dies folgendermaßen aus: »Niemand ist eine Insel. Wir sind alle Teil des Ganzen. Jedes einzelne Element im System beeinflusst die Richtung aller anderen.«

Momentan erleben wir bei Aufstellungen ständig wieder die Verbundenheit der Dinge und Ereignisse und arbeiten damit, ohne dass wir schon im Detail erklären können, warum dies so ist und funktioniert. Sicherlich bringt die Wissenschaft in den nächsten Jahren und Jahrzehnten vielfältige neue Erkenntnisse hervor.

Ein altes chinesisches Sprichwort besagt Folgendes:
Die Kraft von Schmetterlingsschwingen ist noch auf der anderen Seite des Erdballs zu spüren.

Dank

Ich möchte mich besonders bei Frau Dr. Evelyne Kroschel bedanken, durch die ich die Aufstellungsarbeit erstmals kennen gelernt habe und von deren Wirkung ich so begeistert war, dass sie mich nicht mehr losgelassen hat und ich selbst beschlossen habe sie auszuüben.

Meinen Kollegen und Lehrern möchte ich für das Erleben und die wertvollen Impulse danken, die ich durch das Miterleben ihrer Arbeit gewonnen habe. Sehr inspiriert hat mich die wissenschaftliche Herangehensweise und Reflexion der Aufstellungsarbeit von Matthias Varga von Kibéd, der zusammen mit seiner Frau Insa Sparrer die so genannten Strukturaufstellungen entwickelt hat. Aspekte seiner/ihrer Ideen tauchen an verschiedenen Stellen im vorliegenden Buch auf und sind vertieft in den angegebenen Literaturquellen nachzulesen.

Mein besonderer Dank geht an die Teilnehmer meiner Fortbildungs- und Supervisionsgruppen. Die gestellten Fragen und der Ablauf der Seminare gaben mir wertvolle Impulse für das Entstehen des vorliegenden Buches.

Sehr herzlich bedanken möchte ich mich bei allen, die sich mit der ersten Fassung des Buches intensiv beschäftigt haben und mir ihre Rückmeldungen gaben.

Einen ganz besonderen Dank an meinen Lebenspartner, der mich, trotz der dadurch abgehenden Zeit für Privates, unterstützt und ermutigt hat, mir die Zeit für das Schreiben dieses Buches zu nehmen.

Glossar

Abstraktes Arbeiten Abstrakte Elemente werden aufgestellt. Z.B. die Aufgabe, die Entscheidungsalternativen, das Ziel, das Hindernis, das Problem etc.

AL Abkürzung für AufstellungsleiterIn

Anliegen Der Klient formuliert das Anliegen. Es beschreibt das Thema, an dem er mit Unterstützung einer Aufstellung arbeiten möchte.

Aufstellung Als Aufstellung wird das Aufstellen von Repräsentanten im Raum, nach Gefühl des Klienten, bezeichnet. Die Stellvertreter spüren sich in die Befindlichkeit der dargestellten Personen ein.

Aufstellen Repräsentanten werden vom Klienten im Raum »aufgestellt«. Nach dem Vorgespräch und der Auswahl der Repräsentanten beginnt die Aufstellungsarbeit mit dem »Aufstellen« der Stellvertreter. Manche verwenden den Begriff »Aufstellen« als Bezeichnung für die Aufstellungsarbeit.

Einzelarbeit Aufstellungen können auch in Einzelarbeit durchgeführt werden. Figuren, Blätter, Kissen etc. symbolisieren dabei die einzelnen Positionen. Der Klient spürt sich selbst in die unterschiedlichen Positionen ein.

Familienaufstellungen Von Bert Hellinger vor ca. 20 Jahren entwickelt. Es gibt schon sehr viel Wissen über Ordnungsprinzipien in Familien und angemessene Interventionen bei Verstrickungen.

Focus Als Focus wird der Repräsentant des/der Klienten/In bezeichnet.

Gegenwartssystem Das Gegenwartssystem umfasst die Gegenwartsfamilie des Klienten: den (Lebens-)Partner und die Kinder.

Glaubenspolaritätenaufstellung Aufstellung der drei Pole (Vertrauen, Ordnung, Wissen) zur Überprüfung von Glaubenssätzen und Überzeugungen.

Kataleptische Hand Ein Element aus der Hypnotherapie, welches insbesondere in der Einzelarbeit sehr hilfreich ist. Mit Hilfe der erzeugten kataleptischen Hand kann der AL Positionen in der Aufstellung symbolisieren.

Klassische Organisationsaufstellung Es werden konkrete Personen einer Organisation, eines Unternehmens, einer Institution aufgestellt.

Negiertes Tetralemma Es wird zusätzlich ein fünftes Element »und selbst dies nicht und auch das nicht« aufgestellt.

Ordnung Der Begriff Ordnung bezieht sich beim Aufstellen auf den system-adäquaten Platz der beteiligten Positionen. Die Ordnung versucht man während des Aufstellungsprozesses zu finden bzw. wiederherzustellen.

Partielle Musteridentifikation Es kann vorkommen, dass Klienten Verhaltensweisen, Eigenschaften etc. von einer anderen Person übernommen haben. Beim Familienaufstellen zeigt sich, dass oft ein »Vorbild« aus der Vorgeneration »gewählt« wird. Dies passiert meist unbewusst. Die Person kann nicht bewusst erklären, warum bestimmte Verhaltensweisen ablaufen: Der Firmeninhaber geht genauso pleite wie sein Urgroßvater. Ein Sohn verspielt sein Geld – genauso wie sein Vater und Großvater etc.

Der Begriff »partiell« wird gewählt, weil sich die Identifikation nicht auf eine Person insgesamt bezieht, sondern meist in Teilaspekten (nach)gelebt wird.

Phänomenologisches Arbeiten Während der Aufstellungsarbeit liefern die auftauchenden Phänomene wichtige Hinweise für die weiteren Wandlungsschritte in Richtung Lösungsbild.

Prozessarbeit Um ein Lösungsbild zu erarbeiten, werden vom AL Interventionen, z.B. Sätze und eine veränderte Stellung im Raum, vorgeschlagen.

Das Ganze ist ein Prozess. Die Prozessarbeit ist notwendig, um Wandlungen einzuleiten.

Repräsentanten Als Repräsentant oder Stellvertreter werden die Personen, die für Personen oder Elemente ausgesucht und aufgestellt werden, bezeichnet.

Repräsentantenpool Pool von an Aufstellungsarbeit interessierten Personen, die bei Bedarf als Repräsentant für Aufstellungen zur Verfügung stehen.

Rückgaberitual Während der Aufstellungsarbeit gibt ein Repräsentant eine übernommene Last/Schuld etc. an denjenigen zurück, zu dem sie gehört. Oft werden dafür symbolisch Steine oder Gegenstände überreicht. Der, dem die Schuld/Last gehört, findet dadurch zu seiner eigenen Kraft. Seine Aufgabe ist es sie zu tragen. Es gehört zu seiner Ehre und Würde, dies zu tun.

Rückmeldungen Der AL entscheidet, ob er im Anschluss an eine Aufstellung nochmals Fragen des Klienten an die Repräsentanten oder Rückmeldungen der Repräsentanten aus der Rolle an den Klienten zulässt. Manchmal macht es Sinn und ist besser, die erlebte Aufstellung wirken zu lassen. Falls vom Klienten gewünscht, kann zu einem späteren Zeitpunkt darauf eingegangen werden.

Stellungsarbeit Der Begriff Stellungsarbeit beschreibt im Aufstellungskontext alles, was mit der Position von Repräsentanten an einem/verschiedenen Plätzen zusammenhängt. Veränderungen der Stellvertreterpositionen im Raum sind wichtige Interventionsschritte auf der Suche nach Lösungswegen. Diese werden im Prozessverlauf vom AL vorgeschlagen, manchmal von den Repräsentanten gewünscht.

Stellvertreter siehe Repräsentant.

Strukturaufstellungen Aufstellungsformen entwickelt von Varga von Kibéd u. Sparrer. Sie enthalten primär abstrakte Positionen.

Systemebenenwechsel In einer Aufstellung können unterschiedliche Systemebenen deutlich werden. In Organisationen gibt es z.B. sehr viele verschiedene Systemebenen aufgrund der oft sehr komplexen Strukturen (Abteilungen, In- und Auslandsfilialen, Fusionen ...). Manchmal ist z.B. der Wechsel auf die Familiensystemebene zur Lösung einer Frage – oft bei Führungsfragen – notwendig.

Abstrakte Aufstellungspositionen können sich plötzlich als konkrete Personen entpuppen. Sie können auch während der Aufstellung mehrmals hin und her (durch)wechseln.

Tetralemma Entscheidungsprozessaufstellung (das eine, das andere, beides, keines von beiden).

Ursprungssystem Beim Familienstellen spricht man vom Ursprungsfamiliensystem. Es umfasst Eltern und Geschwister.

Verbale Interaktion Der Begriff verbale Interaktion bezieht sich im Aufstellungskontext auf die zwischen den Repräsentanten gewechselten Sätze. Die Sätze werden vom AL vorgeschlagen. Manchmal werden sie auch spontan von den Stellvertretern gesagt. Sie lösen Verstrickungen und sind wichtig für den Aufstellungsprozess.

Wahrnehmung Während der Aufstellung werden die Repräsentanten nach ihren Wahrnehmungen gefragt: Gefühle, Gedanken, Körperwahrnehmungen ...

Prozessarbeit Die Prozessarbeit umfasst alle Wandlungsschritte und Interventionen vom ersten Aufstellungsbild hin in Richtung Lösungsbild.

Literatur

Organisationsaufstellungen

Es gibt bisher erst wenige Veröffentlichungen zu diesem Thema:

Erb, K.: *Der Einsatz systemischer Aufstellungen in der Wirtschaft,* in: Praxis der Systemaufstellung, 1/2000

Erb, K.: Publikationen in der Wirtschaftspresse im Internet unter www.systeme-in-aktion.de

Hellinger, B.: *Organisationsberatung und Organisationsaufstellungen,* Videocassette, Carl-Auer-Systeme Verlag, Heidelberg 1998

Weber, G.: *Praxis der Organisationsaufstellungen. Grundlagen, Prinzipien und Praxis der Organisations-Strukturaufstellungen,* Carl-Auer-Systeme Verlag, Heidelberg 2001

Weber, G. (Hrsg.): *Praxis des Familienstellens. Beiträge zu systemischen Lösungen nach Bert Hellinger,* Carl-Auer-Systeme Verlag, Heidelberg, 3. Aufl. 2001
(Daraus der Artikel von Weber und Gross, *Organisationsaufstellungen*, ab S. 405)

Strukturaufstellungen

Sparrer, I./Varga von Kibéd, M.: *Ganz im Gegenteil. Tetralemmaarbeit und andere Grundformen Systemischer Strukturaufstellungen,* Carl-Auer-Systeme Verlag, Heidelberg 2000

Weber, G.: *Praxis des Familienstellens*, Carl-Auer-Systeme Verlag, Heidelberg, 3. Aufl. 2001
(Daraus die Artikel von Sparrer und Varga von Kibéd)

Familienaufstellungen

Zur Einführung empfehle ich die Taschenbücher der folgenden zwei Autoren über die Arbeit Bert Hellingers:

Schäfer, Th.: *Was die Seele krank macht und was sie heilt. Die psychotherapeutische Arbeit Bert Hellingers,* Droemer Knaur, München 2000

Ulsamer, B.: *Ohne Wurzeln keine Flügel. Die systemische Therapie von Bert Hellinger,* Goldmann Verlag, München 2000

Weiterführende Literatur

Hellinger, B./ten Hövel, G.: *Anerkennen was ist. Gespräche über Verstrickung und Lösung,* Kösel, München, 10. Aufl. 2000

Hellinger, B.: *Finden was wirkt. Therapeutische Briefe,* Kösel, München, 10. Aufl. 2000

Hellinger, B.: *Die Mitte fühlt sich leicht an. Vorträge und Geschichten,* Kösel, München, 4. erw. Neuauflage 2000

Hellinger, B.: *Ordnungen der Liebe. Ein Kursbuch,* Carl-Auer-Systeme Verlag, Heidelberg, 6. Aufl. 2000

Weber, G. (Hrsg.): *Zweierlei Glück. Die systemische Psychotherapie Bert Hellingers,* Carl-Auer-Systeme Verlag, Heidelberg, 13. Aufl. 2000

Weber, G.: *Zum Stand der Aufstellungsarbeit,* in: Praxis der Systemaufstellung, 1/2000

Wissenschaftliche Literatur

Franke, U.: *Systemische Familienaufstellung. Eine Studie zu systemischer Verstrickung und unterbrochener Hinbewegung unter besonderer Berücksichtigung von Angstpatienten,* Profil, München, 3. Aufl. 1998

Schuhmacher, Th.: *Systemische Strukturen in Familie und Organisationen. Eine Studie zu Auswirkungen von Familienaufstellungen auf subjektive Beziehungsbilder,* Rheintal – Schriftenreihe, Eigenverlag, Band 1, 2000

Sonstige Fachliteratur

Brennan, A.: *Licht-Arbeit. Das große Handbuch der Heilung mit körpereigenen Energiefeldern,* Goldmann, München 1997

DeShazer, Steve: *Der Dreh. Überraschende Wendungen und Lösungen in der Kurzzeittherapie,* Carl-Auer-Systeme Verlag, Heidelberg, 6. Auflage 1999

Gawain, S.: *Stell Dir vor. Kreativ visualisieren,* Rowohlt, Reinbek 1986

Luczak, H.: *Wie der Bauch den Kopf bestimmt. Das zweite Gehirn,* in: Geo, 11/2000

Müller, M.: *Das vierte Feld. Die Bio-Logik revolutioniert Wirtschaft und Gesellschaft*, Mentopolis, Köln, 2. Aufl. 1999

Sheldrake, R.: *Das schöpferische Universum. Die Theorie des morphogenetischen Feldes*, Goldmann, München 1993

Zeig, J.K.: *Die Weisheit des Unbewußten. Hypnotherapeutische Lektionen bei Milton H. Erickson*, Carl-Auer-Systeme Verlag, Heidelberg 1995

Über die Autorin

Kristine Erb, Dipl. oec. troph., studierte von 1982 bis 1988 an der Rheinischen Friedrich-Wilhelm Universität in Bonn Oecotrophologie mit dem Schwerpunkt Welternährungswirtschaft und Beratung & Kommunikation. Sie war zehn Jahre im internationalen Projekt- und Gesundheitsmanagement tätig und leitete vielfältige Forschungen im Bereich Epidemiologie sowie den Aufbau einer internationalen Krebsdatenbank.

Extreme Managementsituationen sind ihr durch längere Einsätze in verschiedensten Krisengebieten vertraut, u.a. in der Ruandaflüchtlingsoperation, in Zaire, Mauretanien, Haiti.

Sie bildete sich zuerst berufsbegleitend in systemischer Arbeit fort und gründete 1998 das Institut »Systeme in Aktion« in München. Ihre Spezialisierung ist der Einsatz systemischer Aufstellungen im beruflichen Kontext.

Wenn Sie Fragen an die Autorin haben:
Kristine Erb, *Systeme in Aktion*, Merzstr. 3a, 81679 München, Telefon (089) 68 05 810, Fax (089) 98 10 83 34; E-Mail: **k.erb@systeme-in-aktion.de**

Termine von Organisationsaufstellungsseminaren und Fortbildungsmöglichkeiten finden Sie im Internet unter **www.systeme-in-aktion.de**